农作物病虫草害诊断与防治

彩色图谱

衣明圣　李永强　王建威　主编

中国农业科学技术出版社

图书在版编目（CIP）数据

农作物病虫草害诊断与防治彩色图谱 / 衣明圣，李永强，王建威主编 . —北京：中国农业科学技术出版社，2020. 1

ISBN 978-7-5116-4281-3

Ⅰ. ①农…　Ⅱ. ①衣…②李…③王…　Ⅲ. ①作物-病虫害防治-图谱　Ⅳ. ①S435-64

中国版本图书馆 CIP 数据核字（2019）第 296169 号

责任编辑　闫庆健　王惟萍
责任校对　贾海霞

出 版 者　中国农业科学技术出版社
北京市中关村南大街 12 号　邮编：100081
电　　话　(010)82106625(编辑室)　(010)82109702(发行部)
(010)82109709(读者服务部)
传　　真　(010)82106625
网　　址　http://www.castp.cn
经 销 者　各地新华书店
印 刷 者　北京富泰印刷有限责任公司
开　　本　880mm×1 230mm　1/32
印　　张　6
字　　数　170 千字
版　　次　2020 年 1 月第 1 版　2020 年 1 月第 1 次印刷
定　　价　49. 60 元

《农作物病虫草害诊断与防治彩色图谱》

编 委 会

主　编　衣明圣　李永强　王建威

副主编　李　洁　李玉晖　孙宗昭　张　凯
李学来　李丹丹　张黎明　黄新平
沈志河　陈　伟　刘正华　姜润丽
朱小晨　郭立华　刘　琳

编　委　蒲小利　杨国琼　王瑞华　王红静
刘文果　吕方军　吕　骞　朱配群
苗　玲　孙秀莲　张建国　梁风建
姚小妮

前　言

随着现代科技水平不断提高，在农业现代化发展进程中，社会、经济与生态环境等方面的平衡发展，一定程度上为农业发展提供了稳定的物质基础。在农作物病虫害防治过程中，必须要注意对农作物自身的保护，追求农产品产量与效益的同时，农产品质量也是非常重要的。

本书全面、系统地介绍了农作物病虫害防治与诊断的知识，内容包括：农作物病虫害防治技术、小麦、玉米、水稻、棉花、花生、蔬菜、马铃薯、谷子、油菜、豆类、芝麻、主要农作物田间杂草识别与防治等内容。

由于编者水平所限，书中难免存在不当之处，恳切希望广大读者和同行不吝指正。

编　者

2020 年 1 月

目　录

第一章　农作物病虫害防治技术

农作物病虫害绿色防控是指以确保农业生产、农产品质量和农业生态环境安全为目标，以减少化学农药使用，优先采取生态控制、生物防治和物理防治等环境友好型技术措施控制农作物病虫为害的行为。

第一节　杀虫灯使用技术

杀虫灯是利用昆虫对不同波长、波段光的趋性进行诱杀，有效压低虫口基数，控制害虫种群数量，是重要的物理诱控技术。目前主要有太阳能频振式杀虫灯和普通用电的频振式杀虫灯两大类。可在水稻、蔬菜、茶叶和柑橘等作物上应用，杀虫谱广，作用较大。对大部分鳞翅目、鞘翅目和同翅目害虫诱杀作用强。

杀虫灯使用时间，普通频振式杀虫灯每年 4—11 月在害虫发生为害高峰期开灯，每天傍晚至次日凌晨开灯。太阳能杀虫灯安装后不需要人工管理，每天自动开关诱杀害虫。一般每 50 亩（1 亩≈667 m^2，全书同）安装 1 盏灯。

一、杀虫灯在蔬菜上的应用

控制面积。普通用电的频振式杀虫灯两灯间距 120～160 m，单灯控制面积 20～30 亩（图 1－1）；太阳能杀虫灯两灯间距 150～200 m，单灯控制面积 30～50 亩。

挂灯高度。普通用电的频振式杀虫灯接虫口距地面 80～120 cm（叶菜类），或 120～160 cm（棚架蔬菜）；太阳能杀虫灯接虫口距地面 100～150 cm。

开灯时间。挂灯时间为 4 月底至 10 月底，开灯时间以 19 时至 24 时（东部地区）、20 时至次日 2 时（中部地区）、21 时至次日 4

图 1-1　普通用电频振式杀虫灯在蔬菜地的应用

时（西部地区）为宜。

二、杀虫灯在水稻上的应用

控制面积。一般每 30~50 亩稻田安装杀虫灯 1 盏，灯距 180~200 m，在田间按照棋盘式、井字形或之字形布局。

挂灯高度。杀虫灯底部（袋口）距地面 1.2 m，地势低洼地可提高到距地面 1.5 m 左右。

开灯时间。早稻、中稻分别在 4—5 月开始挂灯，收割后收灯。发蛾高峰期前 5 d 开灯，开灯时间以 20 时至次日 6 时为宜。

三、杀虫灯在果园的应用

控制面积。普通用电的频振式杀虫灯两灯间距 160 m，单灯控制面积 30 亩；太阳能杀虫灯两灯间距 300 m，单灯控制面积 60 亩（图 1-2）。

挂灯高度。树龄 4 年以下的果园，挂灯高度以 160~200 cm 为宜；树龄 4 年以上、树高超过 200 cm 的果园，挂灯高度为树冠上 50 cm 左右处。

开灯时间。挂灯时间为 4 月底至 10 月底，开灯时间以 19 时至 24 时为宜。

图 1-2　太阳能杀虫灯在果园的应用

第二节　诱虫板使用技术

色板诱杀技术是利用某些害虫成虫对黄色或蓝色敏感，具有强烈趋性的特性，将专用胶剂制成的黄色、蓝色胶黏害虫诱捕器（简称黄板、蓝板）悬挂在田间，进行物理诱杀害虫的技术（图 1-3）。

诱虫种类。黄板主要诱杀有翅蚜、粉虱、叶蝉、斑潜蝇等害虫；蓝板主要诱杀种蝇、蓟马等害虫。

挂板时间。在苗期和定植期使用，期间要不间断使用。

悬挂方法。温室内悬挂时用铁丝或绳子穿过诱虫板的悬挂孔，将诱虫板两端拉紧，垂直悬挂在温室上部，露地悬挂时用木棍或竹片固定在诱虫板两侧，插入地下固定好。

悬挂位置。矮生蔬菜，将黏虫板悬挂于作物上部，保持悬挂高度距离作物上部 0~5 cm 为宜；棚架蔬菜，将诱虫板垂直挂在两行中间，高度保持在植株中部为宜。

图 1-3 诱虫板在蔬菜大棚的应用

悬挂密度。在温室或露地每亩可悬挂 3~5 片，用以监测虫口密度；当诱虫板上诱虫量增加时，黄色诱虫板规格为 25 cm×30 cm 的 30 片/亩，规格为 25 cm×20 cm 的 40 片/亩。同时可视情况增加诱虫板数量。

后期管理。当诱虫板上黏着的害虫数量较多时，及时将诱虫板上黏着的虫体清除，以便重复使用。

昆虫性信息素，也叫性外激素，是昆虫在交配过程中释放到体外，以引诱同种异性昆虫去交配的化学通讯物质。在生产上应用人工合成的昆虫性信息素一般叫性引诱剂，简称性诱剂。用性诱剂防治害虫高效、无毒、没有污染，是一种无公害治虫技术（图 1-4）。

诱芯选择种类。水稻上主要有水稻二化螟、三化螟、稻纵卷叶螟等性诱剂；蔬菜上主要有斜纹夜蛾、甜菜夜蛾、小菜蛾、瓜实蝇、烟青虫、棉铃虫、豆荚螟等性诱剂。应根据作物和害虫发生种类正确选择使用。

使用时间。根据诱杀害虫发生的时间来确定和调整性诱剂安装使用的时间。总的原则是在害虫发生早期，虫口密度较低时开始使用效果好，可以真正起到控前压后的作用，而且应连续使用。每根诱芯一般可使用 30~40 d。

诱捕器安放高度。诱捕器可挂在竹竿或木棍上，固定牢，高度应根据防治对象和作物进行适当调整，太高、太低都会影响诱杀的效果，一般斜纹夜蛾、甜菜夜蛾等体型较大的害虫专用诱捕器底部距离作物（露地甘蓝、花菜等）顶部 20~30 cm，小菜蛾诱捕器底部应距离作物顶部 10 cm 左右。同时，挂置地点以上风口处为宜。

诱捕器安放密度。诱捕器的设置密度要根据害虫种类、虫口基数、使用成本和使用方法等因素综合考虑。一般针对螟虫、斜纹夜蛾、甜菜夜蛾，每亩设置 1 个诱捕器、每个诱捕器 1 个诱芯；针对小菜蛾，每亩设置 3 个诱捕器，每个诱捕器 1 个诱芯。

图 1-4　蛾类通用诱捕器

第三节　食诱剂使用技术

食诱剂技术是通过系统研究昆虫的取食习性，深入了解化学识别过程，并人为提供取食引诱剂和取食刺激剂，添加少量杀虫剂以诱捕害虫的技术。

天敌昆虫主要有两种，一种是捕食性天敌，另一种是寄生性天敌。捕食性天敌种类很多，最常见的有蜻蜓、螳螂、猎蝽、刺蝽、花蝽、草蛉、瓢虫、步行虫、食虫虻、食蚜蝇、胡蜂、泥蜂、蜘蛛以及捕食螨类等。这些天敌一般捕食虫量大，在其生长发育过程中，必须取食几头、几十头甚至数千头的虫体后，才能完成它们的生长发育。

寄生性天敌是寄生于害虫体内，以害虫体液或内部器官为食，致使害虫死亡，最重要的种类是寄生蜂和寄生蝇类。

第二章　小麦主要病虫害识别与防治

第一节　小麦腥黑穗病

【症状与诊断】

病株稍矮，分蘖稍多，病穗稍短，颖片开张，籽粒为灰黑色菌瘿，即病原菌冬孢子堆所代替。菌瘿麦粒状，与麦粒同大，包被薄膜，不硬，易破裂，散出粉末状冬孢子（图 2-1）。菌瘿和冬孢子含有三甲胺，散发鱼腥味。茎叶上偶尔也产生冬孢子堆。

图 2-1　菌瘿形态

【防治措施】

（1）栽培防治。防治小麦腥黑穗病首先要选育和使用优良抗病品种。持续将抗病基因引入主要栽培品种，保持栽培品种的抗病性，是防止腥黑穗病复发的根本措施。

在发病区，病田收获的小麦不作种用，要建立无病留种田，繁育和使用无病种子。在粪肥传病地区，不用病麦秸秆作畜圈褥草和沤肥，不用带菌的下脚料和麸皮作饲料，不用面粉厂的洗麦水灌田。

病田要与非麦类作物轮作，适期播种，适当浅播。

（2）药剂防治。防治腥黑穗病的药剂很多，采用内吸杀菌剂处理种子，可兼治种子和土壤带菌。可供选用的药剂有 25%三唑酮可湿性粉剂，15%三唑醇拌种剂，50%萎锈灵可湿性粉剂，50%多菌灵可温性粉剂，50%甲基硫菌灵可湿性粉剂，40%拌种双可湿性粉剂等。上述三唑类药剂和拌种双可能影响种子萌发，控制用药量在种子重量的 0.1%～0.2%，其他药剂用种子重量的 0.2%～0.3%。另外，用 3%苯醚甲环唑悬浮种衣剂处理种子，每 100 kg 种子用 67～100 mL 药剂（折合有效成分 2～3 g）。

第二节　小麦煤污病

【症状与诊断】

典型症状是在小麦叶面上形成肉眼可见的黑色、淡褐色或橄榄绿色霉斑，严重时可以覆盖整个叶面、叶鞘及穗部（图 2-2）。

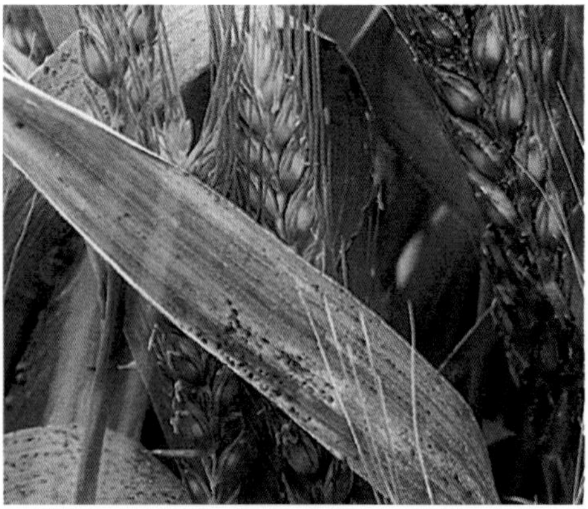

图 2-2　小麦煤污病，穗部症状

【防治措施】

通过控制蚜虫来控制小麦煤污病。当麦田蚜虫量较小时，应重点防治蚜虫，避免其排泄物诱发煤污病。当麦田蚜虫大发生，单一使用杀虫剂已经无法控制煤污病时，应喷洒甲基硫菌灵、多菌灵等杀菌剂，及时防治煤污病。

第三节　小麦黄矮病

【症状与诊断】

小麦受害后主要表现为叶片黄化，植株矮化（图 2-3）。叶片上的典型症状是新叶发病从叶尖渐向叶基扩展变黄，黄化部分占全叶的 1/3~1/2，叶基仍为绿色，且保持较长时间，有时出现与叶脉平行但不受叶脉限制的黄绿相间条纹（图 2-4）。

图 2-3　小麦黄矮病，大田为害状，小麦成片发黄、矮化

麦播后分蘖前受侵染的植株矮化严重（但因品种而异），病株极少抽穗；冬麦发病不显症，越冬期间不耐低温易冻死，能存活的翌年春季分蘖减少、病株严重矮化、不抽穗或能抽穗但穗很小。拔节孕穗期感病的植株稍矮，根系发育不良。抽穗期发病者仅旗叶发黄，植株矮化不明显，能抽穗，但粒重降低。

与生理性黄化的区别在于，生理性黄化从下部叶片开始发生，

图 2-4　小麦黄矮病，受害叶片现黄绿相间条纹

整叶发病，田间发病较均匀。小麦黄矮病下部叶片绿色，新叶黄化，旗叶发病较重，从叶尖开始发病变黄，向叶基发展，田间分布有明显的发病中心病株。

【防治措施】

（1）农业防治。选用抗（耐）病小麦品种。加强栽培管理，冬麦区避免过早或过迟播种，及时冬灌，春麦区适期早播；强化肥水管理，增强植株的抗病性；及时清除田间路边杂草。

（2）化学防治。药剂拌种：60%吡虫啉悬浮种衣剂 20 mL 拌小麦种子 10 kg。防治传毒蚜虫：发现发病中心时及时拔除，并采用 10%吡虫啉可湿性粉剂或 50%抗蚜威可湿性粉剂等药剂，杀灭传毒蚜虫。当蚜虫和黄矮病毒病混合发生时，要采用防治蚜虫、防治病毒病和健康栽培管理相结合的综合措施。将防治蚜虫药剂、防治病毒药剂和叶面肥、植物生长调节剂等，按照适宜比例混合喷雾，能收到比较好的效果。

第四节　小麦全蚀病

【症状与诊断】

苗期和成株期都可发病。幼苗种子根、地中茎和分蘖节腐烂，变为黑色或褐色，严重时死苗。即使能够存活的幼苗，生长发育也严重受抑，病苗基部叶片变黄，心叶内卷，叶色变浅，分蘖减少。拔节后病株明显矮化，叶片自下向上变黄，类似干旱、缺肥的症状（图 2-5）。

图 2-5　全蚀病苗期发病

成株种子根、次生根大部分变黑腐烂。横剖病根，可见内部根轴也变黑色。发病部位还上升到茎基部，使茎秆和叶鞘都发黑腐烂。灌浆至乳熟期茎基部的症状最典型，剥开茎基部地上 1~2 节的叶鞘，可见叶鞘内侧和茎秆表面有黑色膏药状物，这是病原菌的菌丝层，还可见黑色颗粒状的突起物，这是病原菌的子囊壳。抹去菌丝层，茎部表面有条点状黑斑。这是全蚀病的典型症状，称为“黑脚”或“黑膏药”，多在湿度较高的麦田中产生。

【防治措施】

无病区应严密防止传入，初发病区要采取扑灭措施，挖除病株，深翻倒土，改种非寄主作物，普遍发病区应以农业措施为基础，有重点地施用药剂，实行综合防治。

（1）严防传入。全蚀病已在多个省区发生，因而没有列入全国农业植物检疫性有害生物名单，但有部分省区已将小麦全蚀病菌列为补充检疫性有害生物，不从发病区调种，对调运的麦种实行检疫，严防传入。

（2）早期扑灭。在新发病区，田间零星发病，出现发病中心。在发病期间要仔细进行田间检查，确定发病中心的位置，在麦收前用撒石灰的办法或其他标记方法，划出发病中心的范围，收获时将划定区段的麦茬留高，与无病区域明显区分。麦收以后，将划定区段内的根茬连同根系全都挖出烧毁，发病中心的土壤也要挖出，移走深埋。不得用病土垫圈、沤肥。病田改种非寄主作物。

（3）栽培防治。在已经普遍发病的地区，轮作是防治全蚀病最有效的措施，轮作方式应因地制宜。稻、麦两熟轮作，棉、麦两熟轮作，以及小麦与烟草、瓜菜、马铃薯、胡麻、甜菜等非禾本科作物轮作，效果都很好。

（4）药剂防治。种子处理主要用三唑类药剂。15%三唑酮可湿性粉剂或15%三唑醇拌种剂，可用种子重量0.3%（0.2%~0.4%）的药量干拌种子。20%三唑酮乳油50 mL或15%三唑酮可湿性粉剂75~150 g，对水2~3 L，可喷拌麦种50 kg，已拌药种子在晾干后播种。25%丙环唑乳油用120~160 mL，拌100 kg种子。

第五节　小麦锈病

【症状与诊断】

（1）条锈病。条锈病主要发生在叶片上，也危害叶鞘、茎、颖壳和芒（图 2-6）。

图 2-6　颖壳条锈病症状

夏孢子堆较小，鲜黄色，长椭圆形。在成株叶片上沿叶脉排列成行，“虚线”状，覆盖夏孢子堆的表皮开裂不明显。在生长末期，夏孢子堆附近出现冬孢子堆。冬孢子堆也较小，狭长形，黑色，成行排列，覆盖孢子堆的表皮不破裂。

（2）叶锈病。叶锈病主要发生在叶片上，也危害叶鞘。夏孢子堆较小，橘红色，圆形至长椭圆形，不规则散生，多生于叶片正面，覆盖夏孢子堆的寄主表皮均匀开裂（图 2-7）。在幼苗叶片上，也保持这些特点。叶锈病菌的冬孢子堆较小，圆形至长椭圆形，黑色，散生，表皮不破裂。

（3）秆锈病。主要发生在叶鞘和茎秆上，也生于叶片和穗上。夏孢子堆大，褐色，长椭圆形至长方形，隆起较高，不规则散生，可相互愈合。覆盖孢子堆的寄主表皮大片开裂，常向两侧翻卷。冬孢子堆也较大，长椭圆形至狭长形，黑色，无规则散生，表皮破裂，卷起。

图 2-7 叶锈病症状

（4）抗病品种症状。小麦抗病品种的症状与感病品种有明显区别，此种区别用“反应型”表示。反应型表示夏孢子堆及其周围叶组织（病斑）的综合特征。抗病品种不产生夏孢子堆，或夏孢子堆小，周围叶组织枯死。感病品种的夏孢子堆大，周围组织无变化或仅有轻度失绿。

【防治措施】

（1）种植抗病品种。锈病是大区流行病害，在锈菌越夏区、越冬区和春季流行区，要分别种植具有不同抗病基因的小麦品种，实行品种合理布局，这对于切断锈菌的周年循环，减少菌源数量，减缓新小种的产生有重要作用。搞好合理布局，就可以延长抗锈品种使用年限，有效防止锈病大范围严重流行。

（2）栽培防病。要加强田间管理，施用腐熟有机肥，增施磷肥、钾肥，搞好氮、磷、钾肥的合理搭配，增强小麦长势。施用速效氮肥不宜过多、过迟，避免麦株贪青晚熟，以减轻发病。要合理灌水，雨后及时排水，降低田间湿度，但发病重的田块需适当灌水，维持病株水分平衡，减少产量损失。

（3）药剂防治。当前主要使用三唑类内吸杀菌剂，常用品种为三唑酮，该药剂兼具保护与治疗作用，内吸传导性能强，持效期长，用药量低，防病保产效果高，是比较理想的防锈药剂品种。三唑类内吸杀菌剂还可兼治小麦白粉病、黑粉病、全蚀病、纹枯病和雪霉叶枯病等。常用剂型有15%三唑酮可湿性粉剂、25%三唑酮可湿性粉剂、20%三唑酮乳油等，可用于拌种与叶面喷雾。

第六节　小麦白粉病

【症状与诊断】

小麦白粉病在小麦各生育期均可发生，能够侵害小麦植株地上部各器官，主要为害叶片，也可为害叶鞘、茎秆、穗部颖壳和麦芒。小麦白粉病病菌是一种表面寄生菌，以细胞伸入寄主表皮细胞吸取寄主营养，病菌菌丝体在病部表面形成绒絮状霉斑，上有一层粉状霉。霉斑最初为白色，后渐变为灰色至灰褐色（图2-8），后期上面散生黑色小点，即病原菌的闭囊壳。

图2-8　小麦白粉病，发病后期，叶部灰褐色霉斑

【防治措施】

（1）农业防治。选用抗（耐）病品种。大力推广秸秆还田技术，麦收后及时耕翻灭茬，铲除杂草及自生麦苗，清洁田园；合理密植和施用氮肥，适当增施有机肥和磷钾肥；改善田间通风透光条

件，降低田间湿度，增强植株的抗病能力。

（2）化学防治。

①种子处理。用6%戊唑醇悬浮剂50 mL，拌小麦种子100 kg。

②早春防治。早春病株率达15%时，用15%三唑酮可湿性粉剂每亩50~75 g，对水40~50 kg喷雾，能取得较好的防治效果。

③生长期施药。孕穗期至抽穗期病株率达15%或病叶率达5%，每亩用15%三唑酮可湿性粉剂60~80 g，或12.5%烯唑醇可湿性粉剂30~40 g，或75%拿敌稳水分散粒剂10 g，或25%丙环唑乳油25~40 mL，或40%多·酮可湿性粉剂75~100 mL，对水40~50 kg喷雾。

第七节　小麦黑胚病

【症状与诊断】

黑胚病罹病籽粒形态多无明显变化，但胚部变黑色或黑褐色，严重的种胚还表现皱缩（图2-9）。因病原菌种类不同，病粒症状略有变化，有的除胚端外，在籽粒的腹沟、背面等部位也有黑褐色斑块，变色面积甚至可能达到籽粒表面的1/2以上。几种病原菌常复合侵染，不能简单地由症状差异，推断病原菌种类。

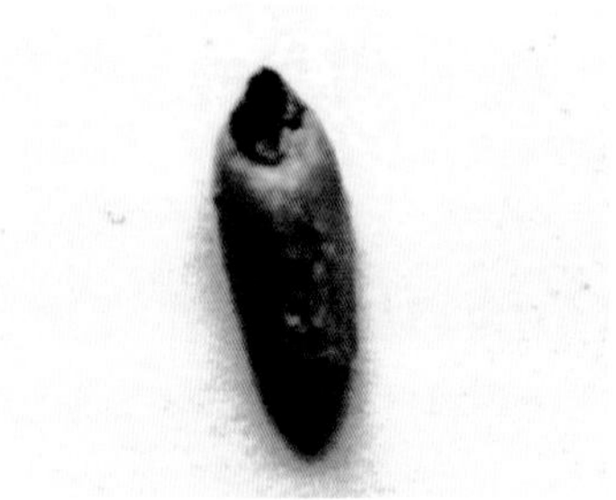

图2-9　黑胚病症状

有人还对这种异常麦粒作进一步地区分，仅胚部变黑的称为黑胚粒，麦粒其余部分出现变色斑点或斑块的称为黑变粒或变色粒。

【防治措施】

（1）栽培防治。易发地区应将黑胚病作为育种目标之一，选育抗病品种。在选育出专门的抗病品种之前，可对现有品种进行仔细的评价，选择种植轻感病品种，避免种植高感品种。还应加强田间管理，实施健康栽培，不要偏施氮肥，灌浆期合理灌溉，尽量降低田间湿度。

（2）药剂防治。结合其他病害的防治，实施种子药剂拌种，搞好生长期间叶病防治，在灌浆至乳熟期喷药保护穗部。用药种类参见本章离蠕孢根腐病和叶枯病。三唑酮、丙环唑、咯菌腈、苯醚甲环唑及其复配剂30%苯醚甲·丙环唑乳油等均有较好的防治效果。

第八节　小麦黄花叶病毒病

【症状与诊断】

该病一般点片发生，严重时会全田发病。发病初期病株叶片呈现褪绿或坏死梭形条斑，与绿色组织相间，呈花叶症状，后造成整片病叶发黄、枯死。重病株严重矮化（图2-10），分蘖减少，节间缩短变粗，茎基部变硬老化，抽出新叶黄花枯死。

图2-10　严重发病田少量健康植株与矮化病株株高比较

【防治措施】

防治小麦黄花叶病毒病应以追施尿素等速效氮肥为主，辅以叶面肥，促进苗情转化，减轻病害损失。

（1）农业防治。选用抗（耐）病小麦品种；与非寄主作物油菜、马铃薯等进行多年轮作倒茬；适期晚播，避开传毒介体的最适侵染期；加强肥水管理，增强植株的抗病性。

（2）化学防治。发病地块每亩追施 5~8 kg 尿素以补充营养，同时混合喷施 20%盐酸吗啉胍・乙铜可湿性粉剂 100 g+0. 01%芸薹素内酯水剂 10 mL+磷酸二氢钾 100 g。

第九节　小麦根腐病

【症状与诊断】

小麦根腐病在小麦整个生育期都可以发生，表现症状因气候条件、生育期而异。干旱或半干旱地区，多引起茎基腐、根腐；多湿地区除以上症状外，还引起叶斑、茎枯、穗颈枯。返青时地上部多表现为死苗，成株期地上部多表现为叶枯、死株、死穗、植株倒伏等。

小麦根腐病的根皮层易与根髓分离而脱落，而全蚀病的根皮层通常与根髓成一体，不易脱落，以此可区分这两种病害（图 2-11）。

【防治措施】

（1）农业防治。选用抗（耐）病和抗逆性强的小麦品种。合理轮作，深耕细耙，适期早播。增施有机肥、磷肥，科学配方施肥，培肥地力。合理灌溉，及时排涝，避免土壤干旱或过湿。

（2）化学防治。用 6%戊唑醇悬浮种衣剂 50 mL，或 2. 5%咯菌腈悬浮种衣剂 15~20 mL，或 15%多・福悬浮种衣剂 150~200 mL，拌小麦种子 10 kg。发病重时，选用 12. 5%烯唑醇可湿性粉剂 1 500~

2 000 倍液，或 50%多菌灵可湿性粉剂 1 000 倍液，或 50%甲基硫菌灵可湿性粉剂 1 000 倍液喷雾，保护小麦功能叶，第 1 次在小麦扬花期，第 2 次在小麦乳熟初期。

图 2-11　小麦根腐病，籽粒被害形成黑胚

第十节　小麦叶枯病

【分布与为害】

小麦叶枯病是引起小麦叶斑和叶枯类病害的总称，广泛分布于我国小麦种植区。小麦叶枯病通常分为黄斑叶枯病、雪霉叶枯病、链格孢叶枯病、根腐叶枯病、壳针孢叶枯病和葡萄孢叶枯病等。多雨年份和潮湿地区发生比较严重。一般减产 10%～30%，重者减产 50%以上。

小麦叶枯病多在抽穗期发生，主要为害叶片和叶鞘。一般先从下部叶片开始发病枯死，逐渐向上发展（图 2-12）。发病初期叶片上生长出卵圆形淡黄色至淡绿色小斑，以后迅速扩大，形成不规则黄白色至黄褐色大斑块。

图 2-12　小麦叶枯病，上部叶片发病

【防治措施】

（1）农业措施。选用无病种子，适期适量播种。施足底肥，科学配方施肥。控制田间群体密度，改善通风透光条件。合理灌水，忌大水漫灌。

（2）化学防治。小麦抽穗扬花期是防治叶枯病的关键时期，每亩用 12.5%烯唑醇可湿性粉剂 25～30 g 或 20%三唑酮乳油 100 mL 对水 50 kg 均匀喷雾；也可用 50%多菌灵可湿性粉剂 1 000 倍液，或 50%甲基硫菌灵可湿性粉剂 1 000 倍液，或 75%百菌清可湿性粉剂 500～600 倍液喷雾。间隔 5～7 d 再补喷 1 次。

第十一节　麦叶蜂

【分布与为害】

麦叶蜂又名齐头虫、小黏虫、青布袋虫，广泛分布于我国小麦产区，以长江以北为主。我国发生的有小麦叶蜂、大麦叶蜂和黄麦叶蜂 3 种，以小麦叶蜂为主。

发生严重的田块可将小麦叶尖吃光，对小麦灌浆影响极大。幼虫主要为害叶片，有时也为害穗部。麦叶蜂为害叶片时，常从叶边缘向内咬成缺口，或从叶尖向下咬成缺刻（图 2-13、图 2-14）。

图 2-13　幼虫从叶尖向下咬成缺刻状

图 2-14　两头幼虫正在为害叶缘

【形态特征】

麦叶蜂成虫体长 8~9.8 mm，雄体略小，黑色微带蓝光，前胸背板、中胸前盾板和翅基片锈红色，后胸背面两侧各有 1 个白斑，翅透明膜质。

卵肾形，扁平，淡黄色，表面光滑。

幼虫共 5 龄，老熟幼虫圆筒形，头大，胸部粗，胸背前拱，腹部较细，胸腹各节均有横皱纹。末龄幼虫腹部最末节的背面有 1 对暗色斑（图 2-15）。

蛹长 9.8 mm，雄蛹略小，淡黄色至棕黑色。腹部细小，末端分叉。

【防治措施】

（1）农业防治。麦播前深翻土壤，破坏幼虫的休眠环境，使其不能正常化蛹而死亡。有条件的地区可实行稻麦水旱轮作，控制效果好。利用麦叶蜂幼虫的假死性，可在傍晚时进行人工捕捉。

（2）化学防治。防治适期应掌握在幼虫 3 龄前，可用 2.5%溴氰

图 2-15　麦叶蜂，幼虫，具有头大、胸粗、胸背向前拱、腹部细的特征

菊酯乳油 2 000 倍液，或 20%氰戊菊酯乳油 2 000 倍液喷雾防治，或 45%毒死蜱乳油 1 000 倍液，或 1.8%阿维菌素乳油 4 000~6 000 倍液喷雾防治。

第十二节　小麦吸浆虫

【分布与为害】

小麦吸浆虫又名麦蛆，是小麦上的一种世界性害虫，广泛分布于我国小麦产区。有麦红吸浆虫和麦黄吸浆虫两种。麦红吸浆虫主要发生在黄淮流域及长江、汉江、嘉陵江沿岸的平原地区，麦黄吸浆虫一般发生在高原地区和高山地带某些特殊生态条件地区。

小麦吸浆虫以幼虫潜伏在颖壳内吸食正在灌浆的麦粒汁液为害，造成小麦籽粒空秕，幼虫还能为害花器、籽实。小麦受害后由于麦粒被吸空，麦秆直立不倒，具有“假旺盛”的长势，田间表现为麦穗瘦长，贪青晚熟（图 2-16）。受害小麦麦粒有机物被吸食，麦粒变瘦，甚至成空壳，出现“千斤的长势，几百斤甚至几十斤的产量”的异常现象，主要原因是受害小麦千粒重大幅降低。一般可造成 10%~30%的减产，严重的达 70%以上，甚至绝收。

图 2-16　受害小麦麦穗直立、瘦长

【形态特征】

（1）麦红吸浆虫。成虫橘红色，雌虫体长 2~2.5 mm，雄虫体长约 2 mm，雌虫（图 2-17）产卵管伸出时约为腹长的 1/2。卵呈长卵形，末端无附着物。幼虫橘黄色，经 2 次蜕皮成为老熟幼虫，幼虫体表有鳞片状突起。茧（休眠体）淡黄色，圆形。蛹橙红色，头端有 1 对较长的呼吸管，分前蛹、中蛹、后蛹 3 个时期。

（2）麦黄吸浆虫成虫。姜黄色，雌虫体长 1.5 mm，雄虫略小。雌虫产卵管伸出时与腹部等长。卵呈香蕉形，末端有细长卵柄附着物。幼虫姜黄色，体表光滑。蛹淡黄色。

【防治措施】

小麦吸浆虫的防治应贯彻“蛹期和成虫期防治并重，蛹期防治为主”的指导思想。

图 2-17　小麦吸浆虫，雌成虫，正在产卵

（1）农业防治。选用穗形紧密、颖缘毛长而密、麦粒皮厚、灌浆速度快、浆液不易外溢的抗（耐）虫品种。对重发生区实行轮作，不进行春灌，实行水地旱管，减少虫源化蛹率。

（2）化学防治。

①蛹期（小麦孕穗期）防治。每亩用 5%毒死蜱颗粒剂 1.5~2 kg，拌细土 20 kg，均匀撒在地表，土壤墒情好或撒毒土后浇水效果更好。也可用 30%毒死蜱缓释剂撒施防治，持效期长。

②成虫期（小麦抽穗至扬花初期）防治。可选用 20%氰戊菊酯乳油 1 500~2 000 倍液，或 10%氯氰菊酯微乳剂 1 500~2 000 倍液，或 4.5%高效氯氰菊酯乳油 1 000 倍液，或 45%毒死蜱乳油 1 000~1 500 倍液，或 10%吡虫啉可湿性粉剂 1 500 倍液喷雾防治。

第十三节　小麦潜叶蝇

【分布与为害】

小麦潜叶蝇广泛分布于我国小麦产区，包括小麦黑潜叶蝇、小麦黑斑潜叶蝇、小麦水蝇等多种，以小麦黑潜叶蝇较为常见，华北、西北麦区局部密度较高。

小麦潜叶蝇以雌成虫产卵器刺破小麦叶片表皮产卵及幼虫潜食叶肉为害。雌成虫产卵器在小麦第 1、第 2 片叶中上部叶肉内产卵，形成一行行淡褐色针孔状斑点；卵孵化成幼虫后潜食叶肉为害，潜痕呈袋状，其内可见蛆虫及虫粪，造成小麦叶片半段干枯（图 2-18~图 2-20）。一般年份小麦被害株率 5%~10%，严重田小麦被害株率超过 40%，严重影响小麦的生长发育。

图 2-18　大田为害状，幼虫在叶肉内潜食为害

图 2-19　小麦潜叶蝇，叶尖被害

【形态特征】

小麦黑潜叶蝇成虫体长 2. 2~3 mm，黑色小蝇类。头部半球形，间额褐色，前端向前显著突出。复眼及触角 1~3 节黑褐色。前翅膜质透明，前缘密生黑色粗毛，后缘密生淡色细毛，平衡棒的柄为褐色，端部球形白色。

幼虫长 3~4 mm，乳白色或淡黄色，蛆状。

蛹长 3 mm，初化时为黄色，背呈弧形，腹面较直。

【防治措施】

以成虫防治为主，幼虫防治为辅。

图 2-20　小麦潜叶蝇，叶片上的潜道和幼虫

（1）农业防治。清洁田园，深翻土壤。冬麦区及时浇封冻水，杀灭土壤中的蛹。加强田间管理，科学配方施肥，增强小麦抗逆性。

（2）化学防治。

①成虫防治。小麦出苗后和返青前，用 2.5%溴氰菊酯乳油或 20%甲氰菊酯乳油 2 000~3 000 倍液，均匀喷雾防治。

②幼虫防治。发生初期，用 1.8%阿维菌素乳油 3 000~5 000 倍液，或 4.5%高效氯氰菊酯乳油 1 500~2 000 倍液，或用 20%阿维·杀单微乳剂 1 000~2 000 倍液，或用 45%毒死蜱乳油 1 000 倍液，或用 0.4%阿维·苦参碱水乳剂 1 000 倍液喷雾防治。

第三章　玉米主要病虫害识别与防治

第一节　玉米褐斑病

【症状与诊断】

玉米褐斑病在全国各玉米产区均有发生，其中在河北、山东、河南、安徽、江苏等省为害较重。主要发生在玉米生长中、后期，一般对产量影响不显著。但在一些感病品种上，该病发生严重，常导致玉米前期病叶快速干枯，造成产量损失。

玉米褐斑病主要发生在玉米叶片、叶鞘及茎秆上。病菌的初次侵染发生在小喇叭口期，在叶片上常见与叶片主脉相垂直的带状褪绿感病区，对应的主脉上生褐色隆起斑点，内有大量黄褐色粉状物，是病菌的休眠孢子囊；叶片上病斑初期为水浸状小点，逐渐变为浅黄色，呈圆形或椭圆形，直径 1~2 mm（图 3-1）。

图 3-1　玉米褐斑病叶病初期为水浸状病斑

在主叶脉上病斑较大，深褐色；由于病斑密布叶片，常导致叶片干枯。茎秆和果穗下方叶鞘上病斑出现较晚，为褐色、红褐色或深褐色，病斑较大，有时相连成不规则的大块斑。发病后期病斑表皮破裂，散出黄褐色粉末（病原菌的休眠孢子囊），病叶局部散裂，叶脉和维管束残存如丝状。

【防治措施】

玉米褐斑病病菌以休眠孢子囊在土壤或病残体中越冬，翌年病菌靠气流传播到玉米植株上，遇到合适条件，休眠孢子囊萌发，囊盖打开，释放出大量的游动孢子，游动孢子在叶片表面上的水滴中游动，并形成侵染丝，侵害玉米的幼嫩组织。夏玉米区一般 6 月中旬至 7 月上旬，遇阴雨天数多、降水量大时易感病；7—8 月若温度高、湿度大，阴雨天较多时，利于该病发展蔓延。在土壤瘠薄的地块，玉米叶色发黄，病害发生严重；在土壤肥力较高的地块，玉米健壮，叶色深绿，病害较轻甚至不发病。一般在玉米 8~12 片叶时易发病，12 片叶以后一般不会再发生此病害。品种间发病程度差异较大。

（1）农业防治。种植抗耐病品种；在有条件的地区，可实行 3 年以上轮作；玉米收获后，彻底清除病残体，并深翻土壤，促使带菌秸秆腐烂，减少翌年的侵染菌源；施足底肥，适时追肥，一般应在 4~5 叶期追施苗肥，每亩可追施尿素（或氮磷钾复合肥）10~15 kg，促进植株健壮生长，提高抗病能力；栽植密度适当，及时排出田间积水，降低田间湿度。

（2）化学防治。在玉米 4~5 叶期，用 25%三唑酮可湿性粉剂 1 500 倍液叶面喷雾，可预防该病的发生。发病时，可用 5%三唑酮可湿性粉剂 1 000~1 500 倍液，或 50%异菌脲可湿性粉剂 1 000~1 500 倍液，或 12. 5%烯唑醇可湿性粉剂 1 000~1 500 倍液，或 50%多菌灵可湿性粉剂 500 倍液，喷雾。在多雨年份，应间隔 7 d 喷 1 次药，连喷 2~3 次，喷后 6 h 内遇雨应在雨后补喷 1 次。

第二节　玉米大斑病

【症状与诊断】

玉米大斑病属于气流传播病害，在我国分布广泛，在东北、华北北部、西南地区等气候冷凉的玉米产区发病较重。发病严重植株叶片上产生大量病斑，影响光合作用，造成籽粒灌浆不足，粒重降低而导致产量损失。一般发生年份可造成减产5%左右，发生严重年份，感病品种的损失高达20%以上。

玉米大斑病主要为害叶片，严重时也为害叶鞘和苞叶。植株下部叶片先发病，然后向上扩展。病斑长梭形，呈灰褐色或黄褐色，长5~10 cm，宽1cm左右（图3-2），有的病斑更大，或几个病斑相连成大的不规则形枯斑，严重时叶片枯焦。

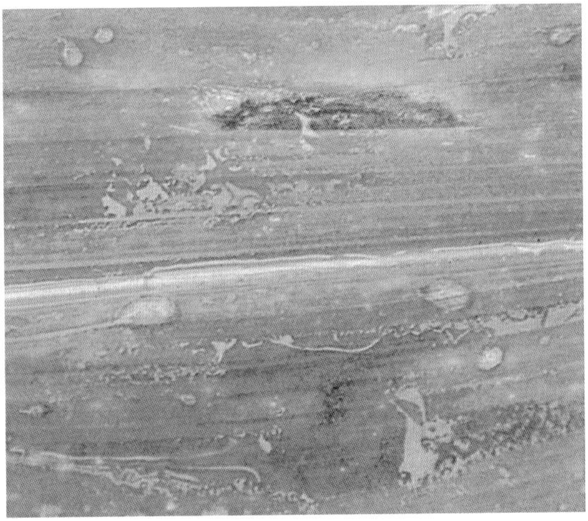

图3-2　玉米大斑病叶病早期症状

发生在感病品种上，先出现水渍状斑，很快发展为灰绿色的小斑点，病斑沿叶脉迅速扩展并不受叶脉限制，形成长梭形、中央灰褐色、边缘没有典型变色区域的大型病斑。多雨潮湿天气，病斑上可密生由病原孢子组成的灰黑色霉层。发生在抗病品种上，病斑沿叶脉扩展，表现为褐色坏死条纹，周围有黄色或淡褐色褪绿圈，不产生或极少产生孢子。

玉米大斑病病菌以其休眠菌丝体或分生孢子在病残体内越冬，成为翌年发病的初侵染源。玉米生长季节，越冬菌源产生孢子，随雨水飞溅或气流传播到玉米叶片上，遇适宜温度、湿度条件萌发入侵；经 10~14 d，便可产生大量分生孢子。以后，分生孢子随风雨传播，重复侵染，造成病害流行。夏玉米 7 月中旬田间始见病斑。

该病的发病适温为 20~25 ℃，超过 28 ℃对病害有抑制作用；适宜相对湿度在 90%以上。因此，在 7—8 月，温度偏低、多雨高湿、日照不足时，有利于病害的发生和流行。北方，6—8 月气温大多适于发病，降水量是发病轻重的决定因素。

玉米播种过晚、出穗后氮肥不足、玉米连作、栽培过密、地势低洼，均有利于病害的发生流行。

【防治措施】

玉米大斑病的防治应采取选用抗耐病品种、加强栽培管理、重点施药保护等综合措施。

（1）农业防治。选用抗耐病品种；实行轮作倒茬制度，避免玉米连作，清除病残株及田边、村边的玉米秸秆，秋季深翻土壤，减少菌源；施足底肥，增施磷、钾肥，生长中期追施氮肥，保证后期不脱肥，提高玉米植株抗病能力；与大豆、花生、甘薯等矮秆作物间作，宽窄行种植，改善玉米田间的通风条件；合理灌溉，注意田间排水。

（2）化学防治。在玉米抽雄前后或发病初期，每亩用 18.7%丙环·嘧菌酯悬乳剂 50~75 g，或 70%丙森锌可湿性粉剂 100~150 g，或 45%代森铵水剂 75~100 g，每亩用药液 50~75 kg 喷雾，隔 7~10 d 喷药 1 次，共防治 2~3 次。

第三节　玉米弯孢霉叶斑病

【症状与诊断】

玉米弯孢霉叶斑病广泛分布于华北地区玉米产区，是玉米主要叶部病害之一。主要发生在玉米生长中、后期，抽雄穗后病害迅速扩展蔓延，严重时造成叶片枯死，导致产量损失，重病田可减产30%以上。

玉米弯孢霉叶斑病主要为害叶片，也能侵染叶鞘和苞叶。发病初期，叶片上出现水渍状褪绿斑点，后逐渐扩大成圆形或椭圆形，病斑大小一般为（1~2）mm×2 mm。感病品种上病斑可达（4~5）mm×（5~7）mm，且常连接成片引起叶片枯死。病斑中心枯白色，周围红褐色，感病品种外缘具褪绿色或淡黄色晕环（图3-3）。在潮湿的条件下，病斑正、反两面均可产生灰黑色霉状物。

图3-3　玉米弯孢霉叶斑病病斑：外缘具褪绿色或淡黄色晕环

玉米弯孢霉叶斑病病菌以菌丝体或分生孢子在病残体上越冬，遗落于田间的病叶和秸秆上，是主要的初侵染源。病菌分生孢子最适萌发温度为30~32℃，最适的湿度为超饱和湿度，相对湿度低于90%则很少萌发或不萌发。不同品种之间病情差别较大。玉米苗期对该病的抗性高于成株期，苗期少见发生，9~13叶期易感染该病，抽雄穗后是该病的发生流行高峰期。7—8 月温度、相对湿度、降水量、连续降水日数与该病发生时期、发生为害程度密切相关。高温、高湿、连续降水，利于该病的快速流行。玉米种植过密、偏施氮肥、管理粗放、地势低洼积水和连作的地块发病重。

该病防治着重于选用抗病品种，加强栽培管理，抓好玉米易感病期的化学防治，控制其为害。

（1）农业防治。选用抗病品种；玉米收获后及时清理病残体和枯叶，集中深埋或处理；若进行秸秆直接还田，则应深耕深翻，减少初侵染菌源；合理轮作和间作套种，合理密植，施足底肥，及时追肥以防后期脱肥，提高植株抗病力。

（2）化学防治。当田间病株率达到 10%时，可选用 75%百菌清可湿性粉剂，或 50%多菌灵可湿性粉剂，或 70%甲基硫菌灵可湿性粉剂，或 70%代森锰锌可湿性粉剂，或 80%福美双·福美锌可湿性粉剂等的 500 倍液进行喷雾防治，间隔 5~7 d 喷 1 次，连续用药 2~3 次。

第四节　玉米锈病

【症状与诊断】

玉米锈病的主要发生区域为北方夏玉米种植区。在华东、华南、西南等南方各省也有发生，但一般对生产影响有限。发病后，叶片被橘黄色的夏孢子堆和夏孢子所覆盖，导致叶片干枯死亡，轻者减产 10%~20%，重者达 30%以上，严重地块甚至绝收。

玉米锈病主要发生在玉米叶片上，也能够侵染叶鞘（图 3-4）、茎秆和苞叶。侵染初期，叶片两面初生淡黄白色小斑，四周有黄色晕圈，后突起形成黄褐色乃至红褐色疱斑，散生或聚生，圆形或长圆形，即病菌的夏孢子堆。孢子堆表皮破裂后，散出铁锈状夏孢子。后期病斑或其附近又出现黑色疱斑，即病菌的冬孢子堆，长椭圆形，疱斑破裂散出黑褐色粉状物。

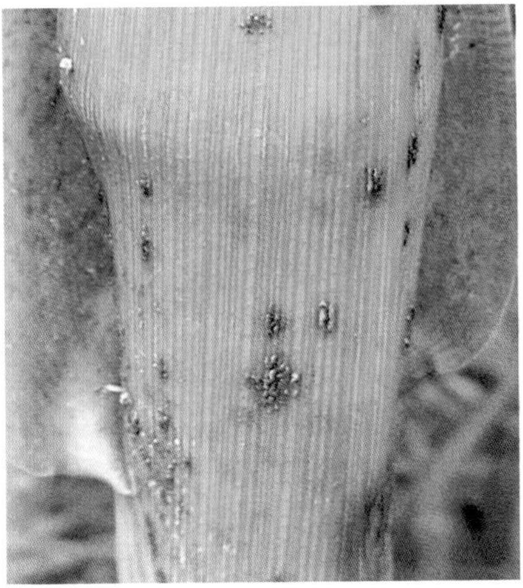

图 3-4　玉米锈病为害叶鞘

玉米锈病病菌在南方温暖地区以夏孢子在玉米植株上越冬，翌年借气流传播成为初侵染源。田间叶片染病后，产生的夏孢子又可在田间借气流传播，进行多次再侵染，蔓延扩展。田间发病时，先从植株顶部开始向下扩展。

高温高湿或连阴雨天气有利于孢子的萌发、传播、侵染，发病重。日均温度在 27 ℃时最适宜发病。地势低洼、种植密度大、通风透气性差、偏施氮肥的地块发病重。品种间抗病性差异很大，品种的叶色、叶毛的多少与病害轻重有关，一般叶色黄、叶片少的品种发病重。

【防治措施】

（1）农业防治。选用抗病品种；清除田间病残体，集中深埋或烧毁，减少侵染源；施用酵素菌沤制的堆肥，增施磷、钾肥，避免偏施、过施氮肥，提高寄主抗病力；加强田间管理，适当早播，合理密植，中耕松土，适量饶水，雨后及时排渍降湿。

（2）化学防治。在发病初期，喷洒 25%三唑酮可湿性粉剂 800~1 000 倍液，或 12.5%烯唑醇可湿性粉剂 1 000~1 500 倍液，或 25%

丙环唑乳油 1 500 倍液，或 80%戊唑醇可湿性粉剂 6 000 倍液，隔 10 d 左右喷洒 1 次，连续防治 2~3 次。

第五节　玉米顶腐病

【症状与诊断】

玉米顶腐病多发生在辽宁、吉林、黑龙江、山东等玉米产区，局部地区发生严重。近年来，在西南、西北以及其他一些省份也有发生。苗期严重发病可引起死苗，或对植株生长造成影响，导致雄穗不能正常抽出和散粉，对产量造成一定损失。

玉米顶腐病从苗期到成株期都可发生。成株期发病，病株多矮小，但也有矮化不明显的，其他症状呈多样化。多数发病植株的新生叶片上部失绿，有的病株发生叶片畸形或扭曲，叶片边缘产生黄化条纹（图 3-5），或叶片顶部腐烂并形成缺刻，或顶部 4~5 片叶的叶尖褐色腐烂枯死；有的顶部叶片短小，残缺不全，扭曲卷裹直立呈“长鞭状，或在形成鞭状时被其他叶片包裹不能伸展形成弓状；

图 3-5　玉米顶腐病病叶叶缘黄化条纹

有的顶部几个叶片扭曲缠结不能伸展；有的感病叶片边缘出现刀切状缺刻；个别植株雄穗受害，呈褐色腐烂状。病株的根系通常不发达，主根短小，根毛细而多，呈绒状，根冠变褐色腐烂。高湿的条件下，病部出现粉白色至粉红色霉状物。

【防治措施】

（1）农业防治。种植抗病品种；排湿提温，铲除杂草，增强植株抗病能力；玉米大喇叭口期，要迅速追肥，并喷施叶面营养剂，促苗早发，补充养分，提高抗逆能力；对玉米心叶已扭曲腐烂的较重病株，可用剪刀剪去包裹雄穗以上的叶片，以利于雄穗的正常吐穗，并将剪下的病叶带出田外深埋处理。

（2）化学防治。玉米顶腐病常发区可以采用药剂拌种，减轻幼苗发病。常用药剂有75%百菌清可湿性粉剂，或50%多菌灵可湿性粉剂，或80%代森锰锌可湿性粉剂，以种子重量的0.4%拌种，或用40%萎锈·福美双悬浮剂进行包衣处理。病害发生后，可以结合后期玉米螟等害虫的防治，混合以上药剂加农用硫酸链霉素或中生菌素对心叶进行喷施，每亩不少于40 kg药液。

第六节　玉米小斑病

【症状与诊断】

玉米小斑病又名玉米斑点病，是玉米生产中的重要病害之一，在我国分布广泛，主要发生在温暖潮湿的夏玉米种植区，感病品种在一般发生年份减产10%以上，大流行年份可减产20%~30%。

玉米小斑病从苗期到成熟期均可发生，玉米抽雄后发病重。主要为害叶片，也为害叶鞘和苞叶。与玉米大斑病相比，叶片上的病斑明显小，但数量多。病斑初为水浸状，后变为黄褐色或红褐色，边缘颜色较深，椭圆形、圆形或长圆形，大小为（5~10）mm×（3~4）mm，病斑密集时常互相连接成片，形成大型枯斑，多从植株下部叶片先发病，向上蔓延、扩展（图 3-6）。叶片病斑形状因品种抗性不同，有 3 种类型。

（1）不规则椭圆形病斑，或受叶脉限制表现为近长方形，有较明显的紫褐色或深褐色边缘。

图 3-6　玉米小斑病叶片病斑密集相连成大型枯斑

（2）椭圆形或纺锤形病斑，扩展不受叶脉限制，病斑较大，灰褐色或黄褐色，无明显深色边缘，病斑上有时出现轮纹。

（3）黄褐色坏死小斑点，基本不扩大，周围有明显的黄绿色晕圈，此为抗性病斑。

玉米小斑病病菌主要以菌丝体在病残体上越冬，其次是在带病种子上越冬。在适宜温度、湿度条件下，越冬菌源产生分生孢子，随气流传播到玉米植株上，在叶面有水膜的条件下萌发侵入，遇到适宜发病的温度、湿度条件，经 5~7 d 即可重新产生分生孢子进行再侵染，造成病害流行。在田间，最初在植株下部叶片发病，然后向周围植株水平扩展、传播扩散，病株率达到一定数量后，向植株上部叶片扩展。

该病病菌产生分生孢子的适宜温度为 23~25℃，适于田间发病的日均温度为 25.7~28.3℃。7—8 月，如果月均温度在 25℃以上，雨日、雨量、露日、露量多的年份和地区，或结露时间长，田间相对湿度高，则发生重。对氮肥敏感，拔节期肥力低，植株生长不良，发病早且重。连茬种植、施肥不足，特别是抽雄后脱肥、地势低洼、排水不良、土质黏重、播种过迟等，均利于该病发生。

【防治措施】

玉米小斑病是通过气流传播、多次侵染的病害，且越冬菌源广泛，故应采取以抗病品种为主，结合栽培技术防病的综合措施进行防治。

（1）农业防治。种植抗病品种；玉米收获后，彻底清除田间病残株；深耕土壤，高温沤肥，杀灭病菌；施足底肥，增加磷肥，重施喇叭口肥，及时中耕灌水；加强田间管理，增强植株抗病力。

（2）化学防治。在玉米抽穗前后，病情扩展前开始喷药。喷药时先摘除基部病叶。所用药剂参见玉米大斑病化学防治。

第七节　玉米丝黑穗病

【症状与诊断】

玉米丝黑穗病又称乌米、哑玉米，玉米产区几乎均有发生，以东北、西北、华北和南方冷凉山区的连作玉米田块发病较重。丝黑穗病为害严重，一般田块发病率为 2%～8%，重病田发病率高达 60%～70%。由于丝黑穗病直接导致果穗全部受害，发病率几乎等同于损失率，一旦发生对产量影响较大。

玉米丝黑穗病是苗期的一种系统性侵染病害，病菌侵染种子萌发后产生的胚芽，菌丝进入胚芽顶端分生组织后随生长点生长，但直到穗期才能在雄穗和雌穗上见到典型症状。病株雌穗短粗，外观近球形，无花丝，苞叶正常（图 3-7），剥开苞叶可见雌穗内部组织已全部变为黑粉，黑粉内有一些丝状的植物维管束组织，因此称为丝黑穗病。在后期，雌穗苞叶自行裂开，散出大量黑粉。有的雌穗受害后，过度生长，但无花丝，不结实，顶部为刺状。雄穗受害后，整个小花变为黑粉包，抽雄后散出大量黑粉。有的雌穗受病原菌刺激后畸形生长。在被严重侵染的植株上，还可见叶片被病菌侵染后出现破溃的孔洞或瘤状突起，突起破裂后散出黑粉状冬孢子。病原菌侵染也可使一些植株在苗期产生分蘖，植株呈灌丛状。

图 3-7 玉米丝黑穗病病雌穗

玉米丝黑穗病病菌以散落在土中、混入粪肥或黏附在种子表面的冬孢子越冬，成为翌年的初侵染源，其中土壤带菌在侵染循环中最为重要。冬孢子在土壤中能存活 2~3 年，结块的冬孢子比分散的存活时间更长。种子带菌是远距离传播的重要途径，但田间传病作用显著低于土壤和粪肥。玉米在 3 叶期以前是病菌的主要侵染时期，7 叶后病菌不再侵染玉米。

发病程度主要取决于品种抗病性、菌源数量及土壤环境。玉米不同品种对丝黑穗病菌的抗性有明显差异。连作地发病重，轮作地发病轻。玉米播种至出苗期间的温度、湿度与发病关系密切，土壤温度在 15~30 ℃利于病菌侵入，25 ℃最为适宜，20%的湿度条件发病率最高。另外，播种过深、种子生活力弱时发病重。

【防治措施】

（1）农业防治。种植抗病品种是防治丝黑穗病的根本措施；及时拔除发病幼苗和病株并带出田外深埋，高温堆肥，合理轮作，可减少田间菌源、减轻发病。

（2）化学防治。使用特效杀菌剂拌种或含有相应杀菌剂的种衣剂进行种子包衣处理，可有效防止土壤中病菌对种子胚芽的侵染。用6%戊唑醇悬浮种衣剂，以种子重量的0.4%拌种；杀菌剂有15%三唑酮可湿性粉剂，以种子重量的0.1%~0.2%拌种；40%萎锈·福美双悬浮剂，以种子重量的0.4%~0.5%拌种。

第八节　玉米穗腐病

【症状与诊断】

玉米穗腐病又称赤霉病、果穗干腐病，为多种病原菌侵染引起的病害，各玉米产区都有发生，特别是多雨潮湿的西南地区发生严重。引起穗腐病的一些病原菌如黄曲霉菌，产生的有毒代谢产物如黄曲霉毒素，对人、家畜、家禽健康有严重危害。

玉米雌穗及籽粒均可受害，被害雌穗顶部或中部变色，并出现粉红色、蓝绿色（图3-8）、黑灰色或暗褐色、黄褐色霉层，即病原菌的菌体、分生孢子梗和分生孢子，扩展到雌穗的1/3~1/2处，多雨或湿度大时可扩展到整个雌穗。病粒无光泽，不饱满，质脆，内部空虚，常为交织的菌丝所充塞。雌穗病部苞叶常被密集的菌丝贯穿，黏结在一起贴于雌穗上不易剥离；仓储玉米受害后，粮堆内外则长出疏密不等、不同颜色的菌丝和分生孢子，并散出发霉的气味。

【防治措施】

（1）农业防治。选用抗病品种；及时清除并销毁病残体；适期播种，合理密植，合理施肥，促进早熟；注意虫害防治，减少伤口侵染的机会；玉米成熟后及时采收，及时剥去苞叶，充分晒干后入仓储存。

图 3-8　玉米穗腐病蓝绿色霉层病穗

（2）化学防治。播种前精选种子，剔除秕小病粒，每 10 kg 种子用 2. 5%咯菌腈悬浮种衣剂 20 mL+3%苯醚甲环唑悬浮种衣剂 40 mL 进行包衣或拌种；在玉米收获前 15 d 左右用 50%多菌灵可湿性粉剂或 50%甲基硫菌灵可湿性粉剂 1 000 倍液在雌穗花丝上喷雾防治。

第九节　玉米疯顶病

【症状与诊断】

玉米疯顶病又称丛顶病，是影响玉米生产的潜在危险性病害，我国宁夏回族自治区（全书简称宁夏）、新疆维吾尔自治区（全书简称新疆）和甘肃西部属常发区。近年来，由于制种基地相对集中，引种频繁，该病有进一步扩大蔓延趋势，95%以上的病株不结实，接近绝收，对玉米生产影响很大（图 3-9）。

图 3-9　玉米疯顶病大田为害状

玉米幼苗和成株都能受害。苗期侵染，可随植株生长点的生长而到达雌穗与雄穗。病株从 6～8 叶开始显症，苗期病株呈淡绿色，株高 20～30cm 时部分病苗过度分蘖，每株 3～5 个或 6～8 个不等，叶片变窄，质地坚韧；亦有部分病苗不分蘖，但叶片黄化且宽大，或叶脉黄绿相间，叶片皱缩、凸凹不平；部分病苗叶片畸形，上部叶片扭曲或呈牛尾巴状。典型症状发生在抽雄后，有多种类型。

（1）雄穗完全畸形。雄穗全部异常增生，畸形生长，小花转为变态小叶，小叶叶柄较长、簇生，使雄穗呈刺头状即“疯顶”。

（2）雄穗部分畸形。雄穗部分正常，部分则大量增生呈团状绣球，不能产生正常雄花。

（3）雄穗变为团状花序。各个小花密集簇生，花色鲜黄，但无花粉。

（4）雌穗变异。果穗受侵染后发育不良，不抽花丝，苞叶尖变态为小叶，成 45°角簇生；严重发病的雌穗内部全部为苞叶，雌穗叶化；部分雌穗异化为雄穗；部分雌穗分化为多个小雌穗，但均不能结实；穗轴呈多节茎状，不结实或结实极少且好粒瘪小（图 3-10）。

（5）叶片畸形。成株期上部叶片和心叶共同扭曲呈不规则团状，或牛尾巴状，部分呈环状，植株不抽雄，也不能形成雄穗。

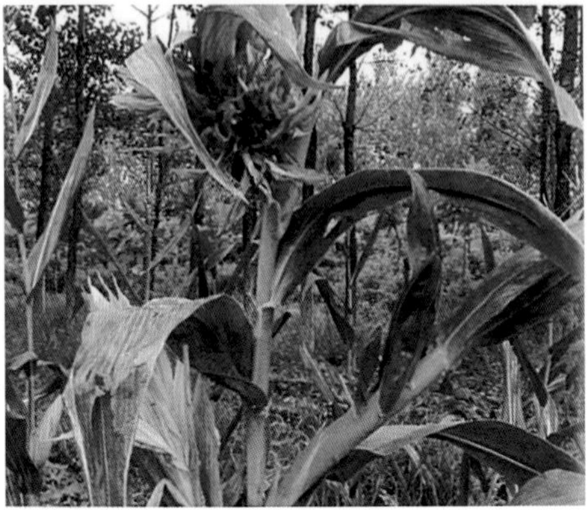

图 3-10 玉米疯顶病病穗轴呈多节茎状

（6）植株上部叶片密集生长，呈对生状，似君子兰叶片。

（7）植株轻度或严重矮化，上部叶片簇生，叶鞘呈柄状，叶片变窄。

（8）部分植株超高生长。有的病株疯长，植株高度超过正常高度 1/5，头重脚轻，易折断。

（9）部分病株中部或雌穗发育成多个分枝，并有雄穗露出顶部苞叶。

（10）田间常见疯顶病菌与瘤黑粉病菌复合侵染。感病植株上伴有瘤黑粉病发生，簇状雄穗、雌穗和茎秆上有瘤黑粉。

玉米疯顶病属土传、种传系统侵染性病害，病残体是翌年发病的重要侵染源。病菌在苗期侵染植株，受害植株一般不能结实，少数轻病株（5%左右）也能正常结实形成种子，但带菌率很高，因此带病种子是该病远距离传播的一个重要途径。

玉米苗期是主要感病期。播种后短期内或 4～5 片叶前，土壤湿度饱和就能发病。土壤湿度饱和状态持续 24～48 h，病菌就能完成侵染。适于侵染的土壤温度范围比较宽，在叶面上形成孢子的适温为 24～28℃，孢子萌发适温为 12～16℃多雨年份，低洼、积水田极易发病。

【防治措施】

（1）农业防治。选用抗病品种，通常马齿种比硬粒种抗病；适期播种；播种后严格控制土壤湿度，5 叶期前避免大水漫灌，及时排出降水造成的田间积水；及时拔除田间病株，集中烧毁，或将发病植株的雄蕊上方叶片剪除、深埋；收获后彻底清除并销毁田间病残体，并深翻土壤，控制病菌在田间扩散；轮作倒茬，与非禾本科作物如豆类、棉花等轮作。

（2）化学防治。药剂拌种，播种前用 58%甲霜灵·锰锌可湿性粉剂，或 64%恶霜灵·锰锌可湿性粉剂，以种子重量的 0.4%拌种；或用 35%甲霜灵可湿性粉剂按种子重量的 0.2%~0.3%拌种；喷雾防治，在田间发病初期，可用 58%甲霜灵·锰锌可湿性粉剂 300 倍液与 50%多菌灵可湿性粉剂 500 倍液，或 75%百菌清可湿性粉剂 1 500 倍液等杀菌剂混合用药，每隔 7 d 喷 1 次，连续喷 2~3 次。

第十节　玉米瘤黑粉病

【症状与诊断】

玉米瘤黑粉病是玉米生产中的重要病害之一，在我国普遍发生，一般北方比南方、山区比平原发生普遍而严重。病菌侵染植株的茎秆、果穗、雄穗、叶片等幼嫩部位，形成的黑粉瘤消耗大量的养分，导致植株空秆不结实、籽粒发育不良或雄花不散粉，严重的可造成 30%~80%的产量损失。

玉米瘤黑粉病是局部侵染病害。植株的气生根、茎、叶、叶鞘、雄穗及雌穗等任何地上部分的幼嫩组织均可被侵染为害。被侵染的组织因病菌代谢物的刺激而肿大成菌瘿，外包有由寄主表皮组织所形成的薄膜，为白色或淡紫红色，后期变为黑灰色。

农民称之为“长蘑菇”。菌瘿成熟后散发出大量黑粉（冬孢子）

(图 3-11)。田间幼苗高 0.3 m 左右时即可发病，多在幼苗基部或根茎交界处产生菌瘿。病苗扭曲皱缩，叶鞘及心叶破裂紊乱，严重的会出现早枯。叶片或叶鞘被侵染时，所形成的菌瘿一般有豆粒或花生粒大小；茎或气生根被侵染时，所形成的菌瘿如拳头大小，如在玉米顶部可引起玉米弯曲；雌穗被侵染，多在果穗上中部或个别籽粒上形成菌瘿，严重的全穗形成大而畸形的菌瘿。

图 3-11 玉米瘤黑粉病成熟菌瘿散发黑粉

玉米瘤黑粉病病菌以冬孢子在土壤中、病残体上、混在粪肥或黏附在种子表面越冬，成为初侵染源。种子表面带菌，对病害的远距离传播有一定的作用。越冬的冬孢子在条件适宜时产生担孢子和次生担孢子，经风雨传播到玉米的幼嫩组织上，萌发并直接穿透寄主表皮或经由伤口侵入。菌丝在组织中生长发育，并产生一种类似生长素的物质，刺激局部组织的细胞旺盛分裂，逐渐肿大成菌瘿，菌瘿内产生大量的冬孢子，随风雨传播，进行再侵染。在玉米的生育期内，可进行多次侵染，在抽穗前后 1 个月内为该病的盛发期。

发病条件与品种抗病性、菌源数量和环境条件有关。品种间抗病性有差异，一般杂交种比其亲本自交系或一般品种抗病力强，果穗苞叶厚而紧、耐旱的品种较为抗病。连作地和距村庄较近的地块由于有较大量的菌源，一般发生较重；在干旱少雨的地区，缺乏有机质的沙性土壤，土壤中的冬孢子易于保存其生活力，发病较重；偏施氮肥，造成组织柔嫩的植株，易受感染。低温、干旱、少雨地区，土壤中的冬孢子存活率高，发病严重；玉米抽雄前后，遇干旱抗病力下降，易感病；螟害、冰雹、暴风雨以及人工去雄造成的伤口，均有利于病害发生。

【防治措施】

（1）农业防治。选用抗病品种；彻底清除田间病株，翻地沤浸；在田间发病后及早割除菌瘿，带出田外深埋或烧掉，减少菌源；加强栽培管理，合理密植，控制氮肥用量，在抽穗前后易感病时期及时灌溉；重病田可与大豆、棉花等作物 2~3 年轮作；及时彻底防治玉米螟等虫害，减少伤口。

（2）化学防治。可用 20%福 · 克悬浮种衣剂按药种重量比 1∶50 进行种子包衣，或用 50%福美双可湿性粉剂按种子重量的 0. 2%~0. 3%拌种；在玉米抽雄前喷 50%多菌灵可湿性粉剂，或用 50%福美双可湿性粉剂 500 倍液，防治 1~2 次，可有效减轻病害。

第十一节　玉米青枯病

【症状与诊断】

玉米青枯病又称玉米茎基腐病或玉米茎腐病，是由多种病原菌侵染产生的病害。在玉米各种植区均有发生，局部地区为害严重，一般年份发病率为 5%~20%，个别地区的个别年份可达 60%以上。感病植株籽粒不饱满、瘪瘦，对玉米产量品质影响很大。

玉米青枯病一般在玉米灌浆期开始发病，乳熟末期至蜡熟期为显症高峰。感病后最初表现萎蔫，以后叶片自下而上迅速失水枯萎，叶片呈青灰色或黄色逐渐干枯，表现为青枯或黄枯。病株雌穗下垂，穗柄柔韧，不易剥落，好粒瘪瘦，无光泽且脱粒困难（图 3-12）。茎基部 1~2 节呈褐色失水皱缩，变软，髓部中空，或茎基部 2~4 节有呈梭形或椭圆形水浸状病斑，绕茎秆逐渐扩大，变褐腐烂，易倒伏。根系发育不良，侧根少，根部呈褐色腐烂，根皮易脱落，病株易拔起。根部和茎部有絮状白色或紫红色霉状物。

图 3-12　玉米青枯病病株雌穗倒挂

引起茎腐病的病原菌种很多，在我国主要为镰刀菌和腐霉菌。镰刀菌以分生孢子或菌丝体，腐霉菌以卵孢子在病残体内外及土壤内存活越冬，带病种子是翌年的主要侵染源。病菌借风雨、灌溉、机械、昆虫携带传播，通过根部或根茎部的伤口侵入或直接侵入玉米根系或植株近地表组织并进入茎节，营养和水分输送受阻，导致叶片青枯或黄枯、茎基缢缩、雌穗倒挂、整株枯死。种子带菌可以引起苗枯。

玉米籽粒灌浆和乳熟阶段遇较强的降水，雨后暴晴，土壤湿度大，气温剧升，往往导致该病暴发成灾。雌穗吐丝期至成熟期，降水多、湿度大，发病重；沙土地、土地瘠薄、排灌条件差、玉米生长弱的田块发病较重；连作、早播发病重。玉米品种间抗病性存在明显差异。

【防治措施】

采用以抗病品种和栽培技术等为主的综合防治措施。

（1）农业防治。选用抗病品种；清除田间内外病残组织，集中烧毁，深翻土壤，减少侵染源；与其他非寄主作物（如水稻、甘薯、马铃薯、大豆等）实行 2~3 年的大面积轮作，防止土壤中病原菌积累；适期晚播能有效减轻该病害发生；在玉米生长后期，控制土壤水分，避免田间积水；播种时，将硫酸锌肥作为种肥施用，用量为 45 kg/亩，能够有效降低植株发病率；增施钾肥，每亩用量 16 kg，能够明显提高植株的抗性，降低发病率。

（2）化学防治。每 10 kg 种子用 2.5%咯菌腈悬浮种衣剂 10~20 g，或 20%福·克悬浮种衣剂 222.2~400 g，或 3.5%咯菌·精甲霜悬浮种衣剂 10~15g，进行种子包衣。玉米抽雄期至成熟期是防治该病的关键时期，病害发生初期可以用 50%多菌灵可湿性粉剂 600 倍液+25%甲霜灵可湿性粉剂 500 倍液；或 70%甲基硫菌灵可湿性粉剂 800 倍液+40%乙膦铝可湿性粉剂 300 倍液+65%代森锌可湿性粉剂 600 倍液淋根基，间隔 7~10 d 喷 1 次，连喷 2~3 次。

第十二节　玉米苗枯病

【症状与诊断】

在我国许多玉米种植区都有发生，部分地区一些年份发病严重。近年来，由于土壤中病菌的积累，苗枯病的发生范围进一步扩大，发病逐渐加重，田间病株率一般为 10%，重病田可达 60%以上，对生产有一定影响。

种子发芽后，病原菌侵染主根，先在种子根和根尖处变褐，后扩展导致根系发育不良或根毛减少，次生根少或无，逐渐造成根系发病变为红褐色，发病部位向上蔓延，侵染胚轴和茎基节，并在茎的第 1 节间形成坏死斑，叶片黄化，叶边缘焦枯（图 3-13）。当病害发展迅速时，常常导致植株叶片发生萎蔫，全株青枯死亡。剖开茎节，可以看见维管束组织被侵染后变为褐色。

图 3-13　玉米苗枯病病叶黄化、叶边缘焦枯

引起苗枯病的病原主要是串珠镰刀菌。该病以土壤传播为主，种子也可以带菌传播。4—5 月气候温暖，土壤升温快，幼苗发病轻；地势低洼、土壤黏重且湿度大，不利于幼苗根系发育，使植株抗病力下降，发病严重，播种过深也易发病。连作种植，土壤营养元素不均衡，植株抗病力明显降低。品种间抗性有差异。

（1）农业防治。选用抗病或耐病品种；实行轮作，尽可能避免连作；及时清除田园病株，减少菌源；增施腐熟的有机肥；深翻灭茬，平整土地，防止积水，促进根系发育，增强植株抗病力。

（2）化学防治。选用 75%百菌清可湿性粉剂，或 50%多菌灵可湿性粉剂，或 80%代森锰锌可湿性粉剂，以种子重量的 0.4%拌种，或用萎锈·福美双等种衣剂直接进行种子包衣后再播种。

第十三节　玉米螟

【症状与诊断】

玉米螟，又称玉米钻心虫，我国有亚洲玉米螟和欧洲玉米螟两种，其中以亚洲玉米螟为主。亚洲玉米螟在各玉米种植区都有发生，欧洲玉米螟分布在内蒙古自治区（全书简称内蒙古）、宁夏、河北一带，与亚洲玉米螟混生。主要为害玉米、高粱、谷子、棉花、麻类、豆类等作物。初龄幼虫蛀食嫩叶，形成排孔花叶；雄穗抽出后，呈现小花被毁状（图 3-14）；3 龄后幼虫钻蛀茎秆、雌穗和雄穗为害，在茎秆上可见蛀孔，外有幼虫排泄物，茎秆易折；在雌穗中取食籽粒，常引起或加重穗腐病的发生。

图 3-14　玉米螟为害雄穗小花

【形态特征】

（1）成虫。体土黄色，长 12～15 mm，前后翅均横贯两条明显的浅褐色波状纹，其间有大小两块暗斑。

（2）卵。产在叶背，呈扁椭圆形，白色，多粒排成块状。

（3）幼虫。共 5 龄，老熟幼虫体长 20～30 mm，体背淡褐色，中央有一条明显的背线，腹部 1～8 节背面各有两列横排的毛瘤，前 4 个较大（图 3-15）。

（4）蛹。纺锤形，红褐色，长 15～18 mm，腹部末端有 5～8 根刺钩（图 3-16）。

亚洲玉米螟年发生代数依各地气候而异，一般随纬度和海拔升高而世代数减少，从北到南，每年发生 1~6 代。以老熟幼虫在寄主被害部位或根茬内越冬。成虫昼伏夜出，有趋光性和较强的性诱反应。成虫将卵产在玉米叶背中脉附近，每块卵 20~60 粒，每头雌虫可产卵 400~500 粒，卵期 3~5 d；幼虫 5 龄，历期 17~24 d；初孵幼虫有吐丝下垂习性，1~3 龄幼虫群集在心叶喇叭口内啃食叶肉，只留表皮，或钻入雄穗中为害，幼虫发育到 4~5 龄，蛀入雌穗，影响雌穗发育和籽粒灌浆；幼虫老熟后，即在玉米茎秆、苞叶、雌穗和叶鞘内化蛹，蛹期 6~10 d。

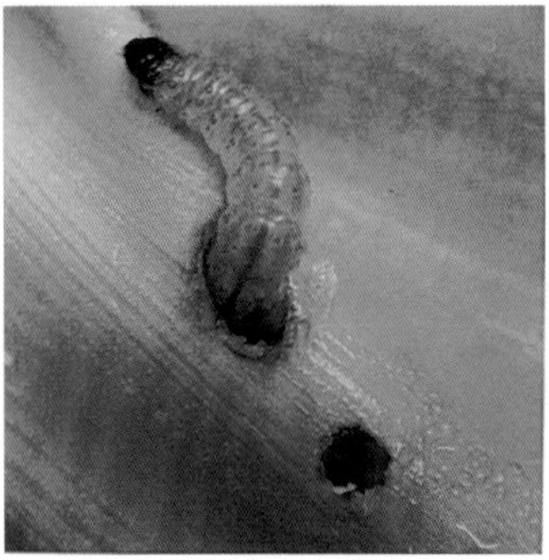

图 3-15　玉米螟低龄幼虫

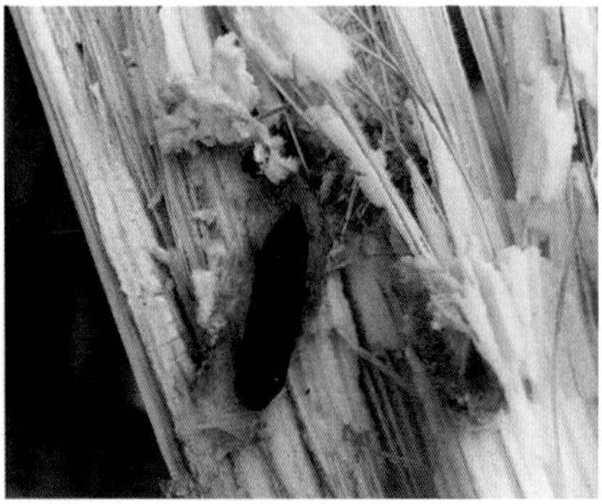

图 3-16　玉米螟蛹

【防治措施】

（1）农业防治。在春季越冬幼虫化蛹羽化前，采用烧柴、沤肥、制作饲料等办法处理玉米秸秆，降低越冬幼虫数量。

（2）物理防治。在成虫盛发期，采用杀虫灯或性诱剂诱杀技术，能够诱杀大量成虫，减轻为害。

（3）生物防治。在玉米螟产卵始期至产卵盛末期，每亩释放赤眼蜂 1 万~2 万只。也可每亩用 100 亿活芽孢/mL 的苏云金芽孢杆菌制剂 200 mL，按药、水、干细沙比例为 0.4∶1∶10 配成颗粒剂在玉米心叶中期撒施。还可利用白僵菌封垛，每立方米秸秆垛用菌粉 100 g（每克含孢子 50 亿~100 亿个），在玉米螟化蛹前喷在垛上。

（4）化学防治。最佳防治时期为心叶末期，即大喇叭口期，可选用 3%辛硫磷颗粒剂 300~400 g，以 1∶15 比例与细沙拌匀后在玉米心叶期撒入喇叭口内，或每亩用 40%辛硫磷乳油 75~100 mL，或 2.5%溴氰菊酯乳油 20~30 g，或 20%氯虫苯甲酰胺悬浮剂 5 g，对水 50 kg 喷心叶。

第十四节 桃蛀螟

【症状与诊断】

桃蛀螟，又名桃蠹、桃斑蛀螟，俗称蛀心虫、食心虫，在国内分布普遍，以河北至长江流域以南的桃产区发生最为严重。寄主广泛，除为害桃、苹果、梨等多种果树的果实外，还可为害玉米、高粱、向日葵等。该虫为害玉米雌穗，以啃食或蛀食籽粒为主（图 3-17），也可钻蛀穗轴、穗柄及茎秆。有群居性，蛀孔口堆积颗粒状的粪屑。可与玉米螟、棉铃虫混合为害，严重时整个雌穗都被毁坏。被害雌穗较易感染穗腐病。茎秆、雌穗柄被蛀后遇风易折断。

图 3-17　桃蛀螟取食雌穗籽粒

【形态特征】

（1）成虫。体长 12 mm，翅展 22~25 mm；体黄色，翅上散生多个黑斑，类似豹纹。

（2）卵。椭圆形，长 0.6 mm，宽 0.4 mm，表面粗糙，有细微圆点，初时乳白色，后渐变橘黄至红褐色。

（3）幼虫。体长 22~25 mm，体色多暗红色，也有淡褐、浅灰、浅灰蓝等色。头、前胸盾片、臀板暗褐色或灰褐色，各体节毛片明显，第 1~8 腹节各有 6 个灰褐色斑点，前面 4 个、后面 2 个，呈两横排列。

（4）蛹。长 14 mm，褐色，外被灰白色椭圆形茧。

桃蛀螟一年发生 2~5 代，世代重叠严重。以老熟幼虫在玉米秸秆、叶鞘、雌穗中、果树翘皮裂缝中结厚茧越冬，翌年化蛹羽化，成虫有趋光性和趋糖蜜性，卵多散产在穗上部叶片、花丝及其周围的苞叶上，初孵幼虫多从雄蕊小花、花梗及叶鞘、苞叶部蛀入为害，喜湿，多雨高湿年份发生重，少雨干旱年份发生轻。卵期一般 6~8 d，幼虫期 15~20 d，蛹期 7~9 d，完成 1 个世代需 1 个多月。第 1 代卵盛期在 6 月上旬，幼虫盛期在 6 月上中旬；第 2 代卵盛期在 7 月上中旬，幼虫盛期在 7 月中下旬；第 3 代卵盛期在 8 月上旬，幼虫盛期在 8 月上中旬。幼虫为害至 9 月下旬陆续老熟，转移至越冬场所越冬。

【防治措施】

（1）农业防治。秸秆粉碎还田，消灭秸秆中的幼虫，减少越冬幼虫基数。

（2）物理防治。在成虫发生期，采用频振式杀虫灯、黑光灯、性诱剂或用糖醋液诱杀成虫，以减轻下代为害。

（3）化学防治。药剂防治参见“玉米螟”。

第十五节　高粱条螟

【症状与诊断】

高粱条螟又称甘蔗条螟、条螟、高粱钻心虫、蛀心虫等，分布于东北、华北、华东和华南，常与玉米螟混合发生，主要为害高粱和玉米，还可为害粟、薏米、麻类等作物。

高粱条螟多蛀入茎内或蛀穗取食为害，咬空茎秆，受害茎秆遇风易折断，蛀茎处可见较多的排泄物和虫孔，蛀孔上部茎叶由于养分输送受阻，常呈紫红色。也可在苗期为害，以初龄幼虫蛀食嫩叶，形成排孔花叶，排孔较长（图 3-18），低龄幼虫群集为害，在心叶内蛀食叶肉，残留透明表皮，龄期增大则咬成不规则小孔，有的咬伤生长点，使幼苗呈枯心状。

图 3-18　高粱条螟为害叶片呈较长排孔状

【形态特征】

（1）成虫。黄灰色，体长 10~14 mm，翅展 24~34 mm，前翅灰黄色，中央有 1 小黑点，外缘有 7 个小黑点，翅正面有 20 多条黑褐色纵纹，后翅色较淡。

（2）卵。扁椭圆形，长 1.3~1.5 mm，宽 0.7~0.9 mm，表面有龟状纹；卵块由双行卵粒排成“人”字形，每块有卵 10 余粒，初产时乳白色，后变深黄色。

（3）幼虫。初孵幼虫乳白色，上有许多红褐色斑连成条纹；老熟幼虫淡黄色，体长 20~30 mm；幼虫分夏、冬两型；夏型幼虫胸腹部背面有明显的淡紫色纵纹 4 条，腹部各节背面有 4 个黑色斑点，上生刚毛，排成正方形，前两个卵圆形，后两个近长方形；冬型幼虫越冬前蜕 1 次皮，蜕皮后体背出现 4 条紫色纵纹，黑褐斑点消失，腹面纯白色（图 3-19）。

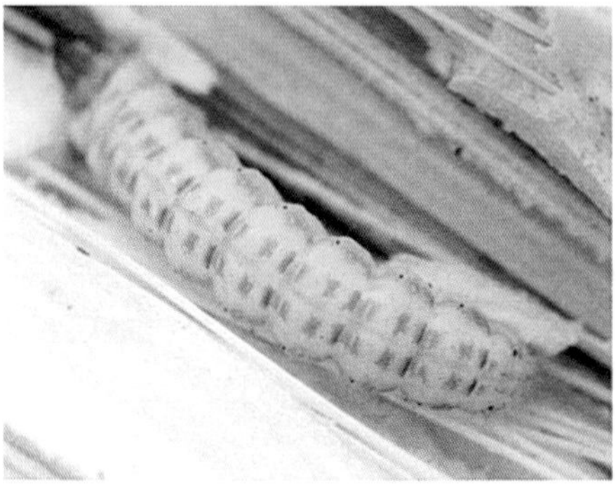

图 3-19　高粱条螟冬型幼虫

（4）蛹。红褐色或暗褐色，长 12~16 mm，腹部第 5~7 节背面前缘有深色不规则网纹，腹末有 2 对尖锐小突起。

高粱条螟在华南一年发生 4~5 代，长江以北旱作地区常年发生 2 代。以老熟幼虫在玉米和高粱秸秆中越冬，也有少数幼虫越冬于玉米穗轴中。初孵幼虫钻入心叶，群集为害，或在叶片中脉基部为害。3 龄后，由叶腋蛀入茎内为害。成虫昼伏夜出，有趋光性、群集性。越冬幼虫在翌年 5 月中下旬化蛹，5 月下旬至 6 月上旬羽化。第 1 代幼虫于 6 月中下旬出现，为害春玉米和春高粱。第 1 代成虫在 7 月下旬至 8 月上旬盛发，产卵盛期在 8 月中旬；第 2 代幼虫出现在 8 月中下旬，多数在夏高粱、夏玉米心叶期为害；老熟幼虫在越冬前蜕皮，变为冬型幼虫越冬。

该虫在越冬基数较大、自然死亡率低、春季降水较多的年份，第 1 代发生严重。一般田间湿度较高对其发生有利。

【防治措施】

（1）农业防治。采用粉碎、烧毁、沤肥等方法处理秸秆，减少越冬虫源；注意及时铲除地边杂草，定苗前捕杀幼虫。

（2）生物防治。在卵盛期释放赤眼蜂，每亩 1 万头左右，隔 7~10d 放 1 次，连续放 2~3 次。

（3）化学防治。在幼虫蛀茎之前防治，此时幼虫在心叶内取食，可喷雾或向心叶内撒施颗粒剂杀灭幼虫。药剂防治参见“玉米螟”。

第十六节　二点委夜蛾

【症状与诊断】

二点委夜蛾主要分布于日本、朝鲜、俄罗斯、欧洲等地，2005—2007 年在河北省发现该虫为害夏玉米幼苗，是为害夏玉米的新害虫，食性杂、寄主范围广。其幼虫主要为害夏玉米苗，也为害小麦、花生、大豆幼苗等。幼虫主要从玉米幼苗茎基部钻蛀到茎心后向上取食，形成圆形或椭圆形孔洞（图 3-20），钻蛀较深、切断生长点时，可使心叶失水萎蔫，形成枯心苗，严重时直接蛀断，整株死亡；或取食玉米气生根系（图 3-21），造成玉米苗倾斜或侧倒。

图 3-20　二点委夜蛾幼虫为害玉米苗根茎基部，呈圆形或椭圆形孔洞

【形态特征】

（1）成虫。体长 10~12 mm，灰褐色；前翅黑灰色，有暗褐色细点；内线、外线暗褐色，环纹为一黑点；后翅银灰色，有光泽。

（2）卵。呈馒头状，单产，上有纵脊，初产黄绿色，后土黄色，直径不到 1 mm。

（3）幼虫。老熟幼虫体长 14～18 mm，黄黑色到黑褐色，头部褐色，腹部背面有两条褐色背侧线，到胸节消失，各体节背面前缘具有一个倒三角形的深褐色斑纹，体表光滑。

（4）蛹。长 10 mm 左右，淡黄褐色渐变为褐色。

图 3-21　二点委夜蛾幼虫为害玉米气生根系

二点委夜蛾 1 年发生多代，有严重的世代重叠性。成虫昼伏夜出，白天隐藏在玉米下部叶背或土缝间，特别是麦秸下。幼虫在 6 月下旬至 7 月上旬为害夏玉米苗，有假死性，受惊后蜷缩成“C”形；一般顺垄为害，有转株为害习性；有群居性，多头幼虫常聚集在一株玉米苗下为害，可达 8～10 头；白天喜欢躲在玉米幼苗周围的碎麦秸下或在 2 cm 左右的土缝内为害玉米苗；麦秆较厚的玉米田发生较重。为害寄主除玉米外，也为害大豆、花生，还取食麦秸和麦糠下萌发的小麦籽粒和自生苗。

重点防控时期是在麦收后到夏玉米 6 叶期前。

【防治措施】

（1）农业防治。在玉米播前进行麦田灭茬或清茬，麦收时粉碎小麦秸秆，清除播种沟的麦茬和麦秆残留物；施用腐熟剂，促使麦茬及麦秆残留物腐烂，破坏害虫滋生环境条件；提高玉米的播种质量，齐苗壮苗。

（2）物理防治。成虫有较强的趋光性，利用黑光灯、杀虫灯和糖醋液诱集成虫，集中消灭，压低成虫基数，减轻其后代为害。

（3）化学防治。

①撒毒饵。每亩用 4～5 kg 炒香的麦麸或粉碎后炒香的棉籽饼，与对少量水的 90%晶体敌百虫，或 40%毒死蜱乳油，或 50%辛硫磷乳油 500 mL 拌成毒饵；也可用甲维盐、氯虫苯甲酰胺配制毒饵，在傍晚顺垄撒在玉米根部周围。

②撒毒土。每亩用 40%毒死蜱乳油或 50%辛硫磷乳油 300～500 mL 拌 25 kg 细土，或用氯虫苯甲酰胺等制成毒土，顺垄撒于经过清垄的玉米根部周围，围棵保苗；毒土要与玉米苗保持一定距离，以免产生药害。

③灌药。随水灌药，每亩用 50%辛硫磷乳油或 40%毒死蜱乳油 1kg，在浇地时灌入田中。

④喷灌保苗。将喷头拧下，逐株喷施玉米根茎部，药剂可选用 40%毒死蜱乳油 1 500 倍液，或 30%乙酰甲胺磷乳油 1 000 倍液等。喷灌时药液量要大，保证渗到玉米根围 30 cm 左右害虫藏匿的地方。

第四章　水稻主要病虫害识别与防治

第一节　水稻纹枯病

俗名花脚秆、烂脚秆。全国各稻区都有发生，为水稻重要病害之一。我国的华南、华中和华东稻区发生较重，华北、东北和云南稻区也有发生，局部地区为害严重。

【症状与诊断】

一般分蘖期开始发病，最初在近水面的叶鞘上出现水渍状椭圆形斑，以后病斑增多，常相互愈合成为不规则大型的云纹状斑，其边缘为褐色，中部发绿色或淡褐色。叶片上的症状和叶鞘上的基本相同。病害由下向上扩展，严重时可到剑叶，甚至造成穗部发病（图 4-1）。

图 4-1　水稻纹枯病为害状

【防治措施】

（1）农业防治。健康栽培，增强植株抗病力，减少为害。合理密植。实行东西向宽窄行条栽，以利通风透光，降低田间湿度。浅水勤灌，适时晒田。合理施肥，控氮增钾。

（2）药剂防治。每亩用30%苯甲·丙环唑乳油15 mL，或5%井冈霉素水剂150 mL，或25%三唑酮可湿性粉剂50 g，或12.5%烯唑醇可湿性粉剂20 g，或50%多菌灵可湿性粉剂50 g对水均匀喷雾防治。重病田需防治2次，间隔7~10 d。

第二节　水稻白叶枯病

水稻白叶枯病在各稻区都有发生，以沿海稻区发生较普遍。

【症状与诊断】

又称白叶瘟、地火烧、茅草瘟。细菌性病害，整个生育期均可受害，苗期、分蘖期受害最重。主要发生于叶片。初期在叶缘产生半透明黄色小斑，以后沿叶脉一侧或两侧或沿中脉发展成波纹状的黄绿或灰绿色病斑；病部与健部分界线明显；数日后病斑转为灰白色，并向内卷曲。空气潮湿时，新鲜病斑的叶缘上分泌出湿浊状的水珠或蜜黄色菌胶，干涸后结成硬粒，容易脱落（图4-2）。

图4-2　水稻白叶枯病叶片为害状

【防治措施】

（1）农业防治。种植抗病品种，培育无病壮秧。抓好肥水管理，整治排灌系统，平整土地，防止涝害，防止串灌、漫灌。

（2）药剂防治。

①种子消毒。用三氯异氰尿酸 300~500 倍（即 10 g 三氯异氰尿酸加水 3~5 kg）浸种 3~5 kg。浸种方法：先用温水预浸种 12 h 后，再用三氯异氰尿酸药液浸种 12 h，然后捞起冲洗干净，用清水再浸 12 h，捞起后即可催芽。可兼治恶苗病。

②秧苗保护。秧苗在三叶一心期和移栽前喷药预防，每亩可用 20%噻菌铜胶悬剂 100 mL、或 20%噻唑锌胶悬剂 100 mL，或 50%氯溴异氰尿酸可溶性粉剂 40~60 g 对水均匀喷雾。

③大田喷雾。水稻拔节后对感病品种要及早检查，如发现发病中心，应立即施药防治；大风雨后，特别是沿海地区台风过后，对受淹及感病品种稻田，都应喷药保护。所用药剂和剂量同秧苗保护。

第三节　水稻胡麻斑病

水稻胡麻斑病又称水稻胡麻叶枯病。分布遍及世界各产稻区。我国各稻区发生普遍。一般因缺肥、缺水等原因，引起水稻生长不良时发病严重。主要引起苗枯、叶片早衰、千粒重降低，影响产量和米质。近年来随着水稻施肥及种植水平的提高，该病危害已逐年减轻，但在贫困山区及施肥水平较低的地区，发生仍较严重。

【症状与诊断】

从秧苗期至收获期均可发病，稻株地上部均可受害，以叶片为多。

（1）叶片发病最初为褐色小点，后扩大成暗色至暗褐色椭圆形病斑，似芝麻粒状，病斑中部黄褐色或灰白色，边缘褐色，外围有黄色晕环，两端钝圆形，但无沿叶脉蔓延的坏死线（稻瘟病有，据

此可与胡麻斑病相区别)，(图 4-3~图 4-4)

图 4-3 水稻胡麻斑病叶片病斑

图 4-4 水稻胡麻斑病为害状

此为小斑病斑。病斑大小、色泽常因环境或品种不同而有差异。环境适合则产生上述症状，在每片叶片上病斑很多时，常相互融合成不规则形大斑，使叶片提早枯死。当稻株缺钾时病斑较大，略呈梭形，病斑上轮纹明显。此类病斑则称大斑形病斑。某些品种产生近方形病斑，初呈灰绿色水渍状，后变黄褐色，每个叶片上只有几个病斑，即可引起叶片提早枯死，称为急性型病斑。

（2）穗部发生部位与稻瘟相同，主要发生于穗颈，穗颈和枝梗病部变成褐色、灰褐色，与稻瘟病极难区分，潮湿时病部产生的霉层比稻瘟病霉层较黑较厚。

（3）谷粒受害早的病斑或全粒为灰黑色，其中，稻米粒变成灰色且松脆或成为秕粒，潮湿时，籽粒表面可生大量黑色绒毛状的黑霉；受害晚的谷粒上病斑与叶片上极为相似，但较小而不明显，病斑多时可能融合成不规则形大斑。

【防治措施】

防治本病可结合稻瘟病一起进行。

（1）预防本病着重抓好增施基肥、实行配方施肥，及时追肥；在水分管理上，既要避免长期积水，又要避免过分缺水。

（2）用70%丙森锌可湿性粉剂100～150 g/亩，用药也可参照稻瘟病，防治稻瘟病的药剂均能防治水稻胡麻斑病。遇到环境条件适宜病原菌生长繁殖的年份，病害发生较早，在水稻6叶期预防病害发生，其他防治时期同稻瘟病。

第四节　水稻窄条斑病

水稻窄条斑病又名稻条叶枯病、褐条斑病、窄斑病。中国各稻区均有发生。

【症状与诊断】

叶片染病初为褐色小点，后沿叶脉向两边扩展，呈四周红褐色或紫褐色、中央灰褐的短细线条状斑，抗病品种的病斑线条短，病斑窄，色深。发病严重时，病斑连成长条斑，引致叶片早枯。叶鞘染病多从基部出现细条斑，后发展为紫褐色斑块，严重时可致全部叶鞘变紫，基上部叶片枯死。穗颈和枝梗染病初为暗色至褐色小点，略显紫色，发病严重使穗颈枯死，注意与穗瘟区别。谷粒受害多发生于护颖或谷粒表面，呈褐色小条斑（图 4-5~图 4-6）。

图 4-5 水稻窄条斑病叶片短细线条状斑

图 4-6 水稻窄条褐叶斑短细线条状斑

【防治措施】

（1）选用抗病品种，病稻草集中处理，减少菌源。加强肥水管理，推广水稻模式化栽培和配方施肥技术。浅水勤灌，及时晒田，促进扎根，及时增施磷钾肥，提高植株抗病力。

（2）选用无病种子或进行种子处理，可选用50%多菌灵可湿性粉剂1 000倍液、70%甲基硫菌灵可湿性粉剂1 000倍液浸种2 d，或用2%甲醛浸种20~30 min，再堆闷3 h。

（3）抽穗前后喷2~3次，可选用下列药剂，5%菌毒清水剂500倍液，50%多菌灵可湿性粉剂800倍液，70%甲基硫菌灵可湿性粉剂1 000~1 500倍液，60%多菌灵盐酸盐。

第五节　水稻苗期病害

水稻苗期病害包括丝核菌苗期病害、腐霉菌苗期病害和镰刀菌苗期病害。

【症状与诊断】

水稻苗期病害是秧田中发生的烂种、烂芽和死苗的总称。

腐霉菌（*Pythium* spp.）引起的苗期病害，绵腐型烂芽在低温高湿条件下易发病，发病初在根、芽基部的颖壳破口外产生白色胶状物，渐长出绵毛状菌丝体，后变为土褐或绿褐色，幼芽黄褐枯死，俗称“水杨梅”。根腐病主要表现为中胚轴和整个根系逐渐变褐、变软、腐烂，根系生长严重受阻；植株矮小，叶片发黄，幼苗死亡。

由丝核菌（*Rhizoctonia solani* Kühn）引起的立枯型烂芽开始零星发生，后成簇、成片死亡，初在根芽基部有水浸状淡褐斑，随后长出绵毛状白色菌丝，引起的根腐病，病斑主要发生在须根和中胚轴上，病斑褐色，沿中胚轴逐渐扩展，环剥胚轴并造成胚轴缢缩、干枯。病害侵染严重时，可导致幼苗叶片枯黄直至植株枯死（图4-7~图4-8）。

由镰刀菌（*Fusarium* spp.）引起的苗期病害开始零星发生，后成簇、成片死亡，初在根芽基部有水浸状淡褐斑，随后长出绵毛状白色菌丝，也有的长出白色或淡粉红霉状物，幼芽基部缢缩，易拔

图 4-7　水稻立枯丝核菌苗期病害，
长出绵毛状白色菌丝

图 4-8　水稻立枯丝核菌苗期病害，
为害处长出绵毛状菌丝体

断，幼根变褐腐烂。引起的根腐病，主要表现为根系端部的幼嫩部分呈现深褐色腐烂，组织逐渐坏死；与籽粒相连的中胚轴下部发生褐变、腐烂；植株叶片尖端变黄，病害严重时导致植株死亡。

【防治措施】

防治水稻烂秧的关键是抓育苗技术，改善环境条件，增强抗病力，必要时辅以药剂防治。

（1）秧田选择避风向阳、地势平坦、肥力中等、排灌方便的地块。整地精细，保证床面平整、床温和通透性。

（2）精选稻种，适时、合理浸种催芽，保证播种质量。冷尾暖头抢晴播种，确保播种后有 3~5 个晴天。

（3）科学灌水，以水控温护苗；合理施肥，注意氮磷钾结合，增施有机肥，避免偏氮，增强秧苗抗病性。

（4）抓好浸种催芽关。浸种要浸透，以胚部膨大突起，谷壳呈半透明状，透过谷壳隐约可见月夏白和胚为准，但不能浸种过长。催芽要做到高温（36~38℃）露白、适温（28~32℃）催根、淋水长芽、低温炼苗。也可施用 ABT4 号生根粉，使用浓度为 13 mg/kg，南方稻区浸种 2 h，北方稻区浸种 8~10 h，涝出后用清水冲芽即可，也可在移栽前3~5 d，对秧苗进行喷雾，浓度同上。对水稻立枯病防效优异。

（5）提高播种质量。根据品种特性，确定播期、播种量和苗龄。日均气温稳定通过 12℃时方可播于露地育秧，均匀播种，根据天气预报使播后有 3~5 个晴天，有利于谷芽转青来调整浸种催芽时间。播种以谷陷半粒为宜，播后撒灰，保温保湿有利于扎根竖芽。

（6）药剂防治。防治水稻旱育秧立枯病：①把移栽灵混剂溶在要浇的适量水中，每平方米水稻苗床用 1~2 mL，一般每平方米加水 3 kg 左右；采用秧盘育秧，每盘（60 cm× 30 cm）用 0. 2~0. 5 mL，一般每盘加水 0. 5 kg，使用时也可把底肥一起溶在水中，搅拌均匀。然后把上述溶有肥料和移栽灵混剂的水均匀浇在床土上，然后播上种子并盖土。以后的管理同常规方法。如果用抛秧盘，因为土量小，用量可减半。②用 15%立枯灵液剂，每盘用 0. 9 g 对水 1 L 喷洒，水稻秧苗一叶一心期可喷 500 倍液，具防病、促进生长双重作用。③用3. 2%噁甲水剂 300 倍液喷洒，进行苗床土壤消毒，每平方米床土用药 8~10 g，苗床发病初期，每平方米用药 12~15 g 或喷洒 95%噁霉灵 4 500 倍液。④用广灭灵水剂 100~200 mg/kg，浸种 24~48 h 或于一叶一心期喷洒 500~1 000 倍液。

对由绵腐病及水生灌类为主引起的烂秧，发现中心病株后，首选 25%甲霜灵可湿性粉剂 800~1 000 倍液或 65%敌克松可湿性粉剂 700 倍液。

（7）提倡采用地膜覆盖栽培水稻新技术。水稻地膜覆盖能有效地解决低温制约水稻发生烂秧及低产这个水稻生产上的难题，可使土壤的温、光、水、气重新优化组合，创造水稻良好的生育环境，解决水稻烂秧，创造高产。

第六节　水稻霜霉病

水稻霜霉病又称黄化萎缩病，为害水稻的叶片。

【症状与诊断】

秧田后期开始显症，分蘖盛期症状明显。叶片上发病初生黄白小斑点，后形成表面不规则条纹，斑驳花叶。病株心叶淡黄，卷曲，不易抽出，下部老叶渐枯死，根系发育不良，植株矮缩。受害叶鞘略松软，表面有不规则波纹或产生皱折、扭曲，分蘖减少。若全部分蘖感病，重病株不能孕穗，轻病株能孕穗但不能抽出，包裹于剑叶叶鞘中或从其侧拱出成拳状，穗小不实、扭曲畸形。在秧田后期及本田前期发病重（图 4-9~图 4-10）。

【防治措施】

（1）选地势较高地块做秧田，建好排水沟。

（2）清除病源，拔除杂草、病苗。

（3）药剂防治。发病初期喷洒 25%甲霜灵可湿性粉剂 800~

图 4-9 水稻霜霉病病株黄化萎缩

1 000倍液或90%霜疫净可湿性粉剂400倍液、72%霜脲锰锌可湿性粉剂700倍液、64%杀毒矾可湿性粉剂600倍液、58%甲霜灵·锰锌或70%乙膦·锰锌可湿性粉剂600倍液、72.2%霜霉威水剂800倍液。

第七节 水稻叶鞘腐败病

【症状与诊断】

秧苗期至抽穗期均可发病。幼苗染病叶鞘上生褐色病斑，边缘不明显。分蘖期染病叶鞘上或叶片中脉上初生针头大小的深褐色小点，向上、下扩展后形成菱形深褐色斑，边缘浅褐色。叶片与叶脉

图 4-10　水稻霜霉病穗和新叶卷曲

交界处多现褐色大片病斑。孕穗至抽穗期染病剑叶叶鞘先发病且受害严重，叶鞘上生褐色至暗褐色不规则病斑，中间色浅，边缘黑褐色较清晰，严重的现虎斑纹状病斑，向整个叶鞘上扩展，致叶鞘和幼穗腐烂。湿度大时病斑内外现白色至粉红色霉状物，即病原菌的子实体（图 4-11）。

【防治措施】

（1）选用抗病品种。

（2）合理施肥，采用配方施肥技术，避免偏施、协施氮肥，做到分期施肥，防止后期脱肥、早衰。沙性土要适当增施钾肥。杂交制种田母本要喷赤霉素，促其抽穗。

（3）积水田要开深沟，防止积水，一般田要浅水勤灌，适时涸田，使水稻生育健壮，提高抗病能力。

（4）田间喷药结合防治稻瘟病可兼治本病。

图 4-11　水稻叶鞘腐败病

第八节　水稻叶黑肿病

水稻叶黑肿病又称叶黑粉病，在我国中部和南部稻区发生普遍。过去主要发生于晚稻后期中下部衰老叶片上，影响不大，但近年局部地区在杂交稻上发生普遍，明显影响稻株结实率和谷粒充实度。

【症状与诊断】

主要为害叶片，偶而也侵害叶鞘及茎秆。在叶片上沿叶脉出现黑色短条状病斑，稍隆起，长 1~4 mm，宽0.2~0.5 mm，线斑周围组织变黄。重病时叶片线斑密布，有的互相连合为小斑块，致叶片提早枯黄，甚至叶尖破裂成丝状。发病多自植株下部始，渐向上部叶片扩展（图 4-12~图 4-13）。

图 4-12　水稻叶黑肿病叶片上沿叶脉出现黑色短条病斑

图 4-13　叶片黑色短条状病斑

【防治措施】

（1）重病区注意选育和换种抗病良种。

（2）加强肥水管理，促植株稳生稳长，避免植株出现早衰现象，尤应注意适当增施磷钾肥，提高植株抗病力。肥水管理的具体做法和要求参照稻瘟病和纹枯病的防治。

（3）妥善处理病草，避免病草回田作肥。

（4）抓好喷药预防控病。对杂交稻预防应提早在分蘖盛期进行；常规稻于幼穗形成至抽穗前进行。做好对稻瘟病、叶尖干枯病等病害的喷药预防，可兼治本病，一般情况下不必单独喷药防治。

必要时，孕穗期喷洒入 20% 三唑酮乳油，亩用药 40 mL 对水喷雾。

第九节　水稻恶苗病

水稻恶苗病又称徒长病、白杆病，俗称标茅、公稻子、禾公或标公等，广泛分布于世界各产稻区，全国各稻区均有发生，以广东、广西、湖南、江西、辽宁等省区发生较多。

【症状与诊断】

在秧田和本田都有发生。水稻播种后不久就可发病，受害重的谷种往往不能发芽或出芽后不久就枯死。受害轻而没有枯死的病苗，颜色淡绿，植株细长，病苗比健苗高 1/3 左右，而且根系发育不良。

本田一般在插秧后 20 ~ 30 d 内发病，病株纤细，呈淡黄色，节间显著伸长，节部弯曲，节上倒生许多气生根。一般都是单秆不分蘖或分蘖很少；发病重的稻株多在抽穗前死亡。枯死稻株的叶鞘上产生白色或淡红色的霉状物，即病菌分生孢子。轻病株可抽穗，但穗短谷粒少，有的变成白穗。一般病株比健株高，抽穗早。湿度大时，枯死病株表面长满淡褐色或白色粉霉状物，后期生黑色小点即病菌囊壳。病轻的提早抽穗，穗形小而不实。抽穗期谷粒也可受害，严重的变褐，不能结实，颖壳夹缝处生淡红色霉，病轻不表现症状，但内部已有菌丝潜伏（图 4-14~图 4-15）。

图 4-14　水稻恶苗病茎节变色生白色霉层和不定根

【防治措施】

（1）建立无病留种田，选栽抗病品种，避免种植感病品种。

（2）加强栽培管理，催芽不宜过长，拔秧要尽可能避免损根。做到“五不插”：即不插隔夜秧，不插老龄秧，不插深泥秧，不插烈日秧，不插冷水浸的秧。

（3）清除病残体，及时拔除病株并销毁，病稻草收获后作燃料或沤制堆肥。

（4）种子要做到严格消毒。用 25 g/L 咯菌腈悬浮种衣剂 40~60 mL/10 kg 种子包衣处理，用 50% 的多菌灵可湿性粉剂 100 g，加水 50 kg 浸种；或用 35% 的噁苗灵 120 g，对水 50 kg 浸种 40 kg；用 25%咪鲜胺乳油 10 mL 对水 50 kg 浸稻种 40 kg，浸种时间不低于 48 h。药液浸种必须注意的是，液面一定要高出种子层面 15~20 cm，供种子吸收。同时，在浸种过程中，药液面保持静止状态，中途不能搅拌，也不能重复使用。

图 4-15　水稻恶苗病，节间显著伸长，
病株比健株高

第十节　水稻一柱香病

【症状与诊断】

主要为害穗部。受害水稻抽穗前，病菌在颖壳内长成米粒状子实体，将花蕊包埋在内，壳内子实体从内外颖的合缝延至壳外，形状不一，外壳渐变黑，同时，还有菌丝将小穗缠绕，使小穗不能散开，抽出的病穗直立圆柱状，故称“一柱香”。病穗初淡蓝色，后变白色，上生黑色粒状物，为病原菌的孢子座（图 4-16）。

图 4-16　水稻一柱香病，小穗不能散开，抽出的病穗直立圆柱状

【防治措施】

（1）加强检疫，防止带菌种子进入无病区，从无病区引种。

（2）无病田留种。

（3）种子处理。采用盐水选种或泥水选种汰除孢子座，或用 52~54℃温汤浸种 10 min 处理种子上的病菌。

第十一节　稻粒黑粉病

稻粒黑粉病又称黑穗病、稻墨黑穗病、乌米谷等。主要发生在日本、缅甸、印度、印度尼西亚、尼泊尔、菲律宾、泰国、越南；美洲的美国、圭亚那、墨西哥、特立尼达和委内瑞拉以及非洲的塞拉利昂等产稻国；中国主要发生在浙江、江苏、安徽、江西、湖南、四川、云南、河南、辽宁和台湾等省。自 20 世纪 70 年代中期推广杂交稻以来，发病加剧，尤以杂交稻制种田受害更重，不育系穗发病率很高，严重影响了杂交水稻种子产量和种子品质。

【症状与诊断】

主要发生在水稻扬花至乳熟期，只为害谷粒，在水稻近成熟时显症。一般每穗 1~2 粒或 3~4 粒，严重的达 10 粒以上。一般初期病粒谷壳色稍暗，尚未完整，颖外隐约可见内有黑色物的存在，后染病稻粒呈暗绿色或暗黄色，内有黑粉状物。成熟时从腹部或内外颖合缝处裂开，露出黑粉，病粒的内外颖之间有一黑色舌状凸起，常有黑色液体渗出，污染谷粒外表。扒开病粒可见种子内局部或全部变成黑粉状物，即病原菌的厚垣孢子。但有少数病粒谷壳不裂开，似青秕粒，手捏有松软感，如浸泡水中即显黑色。还有少数病谷仅局部遭破坏，如种胚保持完整，则尚能萌发，只是出苗细弱（图 4-17~图 4-18）。

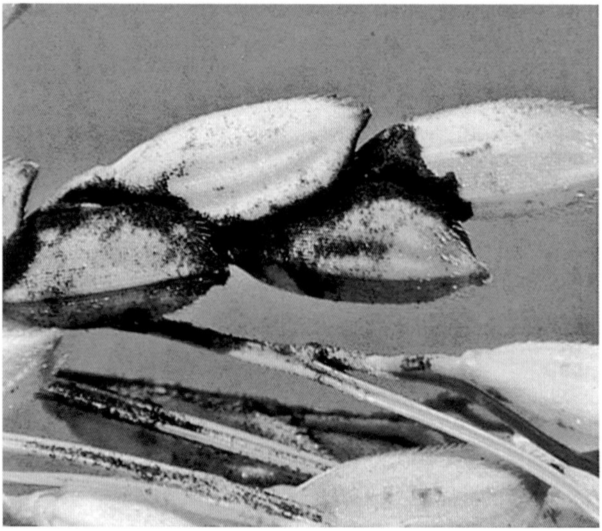

图 4-17　稻粒黑粉病

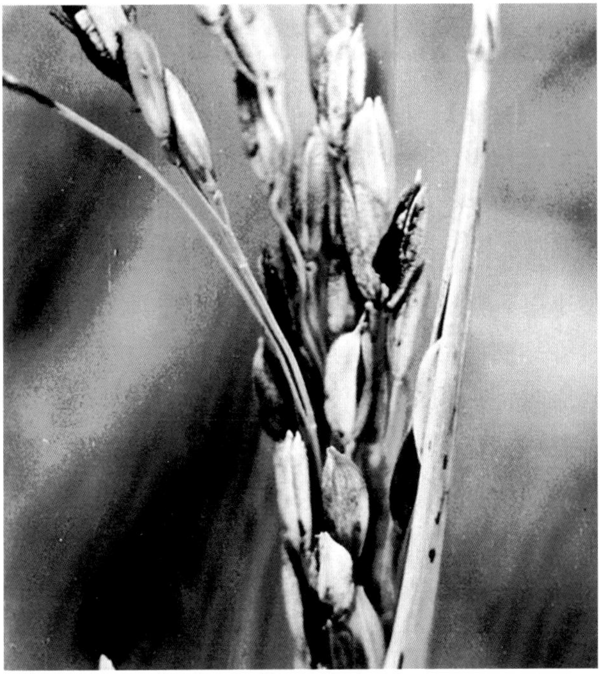

图 4-18　稻粒黑粉状物从内外颖合缝处裂开，露出黑粉

【防治措施】

（1）实行检疫，严防带菌稻种传入无病区。

（2）注意明确当地老制种田土壤带菌与种子带菌两者作用的主次。以种子带菌为主的地区，播种前必须用 10%盐水选种，汰除病粒，然后进行种子消毒，消毒方法参见稻瘟病。

（3）实行 2 年以上轮作，病区家禽、家畜粪便沤制腐熟后再施用，防止土壤、粪肥传播。

（4）加强栽培管理，避免偏施、过施氮肥，制种田通过栽插苗数、苗龄、调节出秧整齐度，做到花期相遇。孕穗后期喷洒赤霉素等均可减轻发病。

（5）杂交制种田或种植感病品种，发病重的地区或年份，于水稻盛花高峰末期和抽穗始期，各喷1次药剂。轻病年则于盛花高峰末期喷1次即可。可选用25%三唑酮可湿性粉剂50 g，对水50 L进行喷雾。使用三唑酮时应避开花期，于下午施药，以免产生药害。此外也可在水稻穗期喷洒25%丙环唑乳油2 000倍液能有效地防治本病，还可兼治纹枯病、稻曲病、叶鞘腐败病。

（6）选用抗病品种。在杂交稻的配制上，要选用闭颖的品种，可减轻发病。

第十二节　稻曲病

稻曲病又称伪黑穗病、绿黑穗病、谷花病、青粉病，又因该病在水稻生长发育良好的年份发生较重，而被称为“丰年谷”或“丰收果”。随着一些矮秆紧凑型水稻品种的推广以及施肥水平的提高，此病发生愈来愈突出。病穗空瘪粒显著增加，发病后一般可减产5%~10%。稻曲病主要在水稻抽穗扬花期发生，受害穗上部分谷粒，少则每穗1~2粒，严重的可达20~30粒。

【症状与诊断】

该病只发生于穗部，为害部分谷粒。受害谷粒内形成菌丝块渐膨大，内外颖裂开，露出淡黄色块状物，即孢子座，后包于内外颖两侧，呈黑绿色，初外包一层薄膜，后破裂，散生墨绿色粉末，即病菌的厚垣孢子，有的两侧生黑色扁平菌核，风吹雨打易脱落。河北、长江流域及南方各省稻区时有发生（图4-19~图4-20）。

【防治措施】

（1）选用抗病品种，消灭初侵染源。淘汰感病品种，因地制宜地选用抗病品种和比较抗病品种。避免病田留种，深耕翻埋菌核。发病时剔除并销毁病粒。翻耕整地时，捞除浮渣，消灭越冬菌核。做好种子消毒工作，用2%~3%的石灰水或0.5%的硫酸铜液或多菌

图 4-19　稻曲病

图 4-20　稻曲病受害状，散生墨绿色粉末

灵浸种 12 h。

（2）合理追肥，科学管理。改进施肥技术，施足基肥，早施追肥，慎用穗肥，采用配方施肥，适施保花肥，氮、磷、钾合理搭配，

增强稻株抗病能力，切忌迟施，偏施氮肥。在水浆管理上，浅水勤灌，宜干干湿湿灌溉，适时适度晒田，增强稻株根系活力，降低田间湿度，提高水稻的抗病性。

（3）掌握好施药时期，适时喷药防治。药剂防治中要注意把握防治时期，关键是在用药的时间，必须在破口前 7~10 d 用药，才能有好的防效。药剂包括戊唑醇、氟环唑、肟菌·戊唑醇、井冈霉素、咪鲜胺、己唑醇、苯甲·丙环唑、多菌灵等杀菌剂的效果都很好，水稻齐穗期进行第 2 次叶面喷雾。

第十三节　水稻小粒菌核病

水稻小粒菌核病又称水稻菌核秆腐病，主要是稻小球菌核病和小黑菌核病。两病单独或混合发生，又称小粒菌核病或秆腐病，俗称“烂头禾”。它们和稻褐色菌核病、稻球状菌核病、稻灰色菌核病等，总称为水稻菌核病或秆腐病。我国各稻区均有发生，但各地优势菌不同，长江流域以南主要是小球菌核病和小黑菌核病。此病在我国各稻区均有发生，尤以南方双季连作晚稻受害为重，常引起秆腐和倒伏，致产量锐减，米质下降。

【症状与诊断】

小球菌核病和小黑菌核病症状相似，侵害稻株下部叶鞘和茎秆，初在近水面叶鞘生上褐色小斑，后扩展为黑色纵向坏死线及黑色大斑，上生稀薄浅灰色霉层，病鞘内常有菌丝块。小黑菌核病不形成菌丝块，黑线也较浅。病斑继续扩展使茎基成段变黑软腐，病部呈灰白色或红褐色而腐烂。剥检茎秆，腔内充满灰白色菌丝和黑褐色小菌核。侵染穗颈，引起穗枯（图 4-21~图 4-22）。

褐色菌核病使叶鞘变黄枯死，不形成明显病斑，孕穗时发病致幼穗不能抽出。后期在叶鞘组织内形成球形黑色小菌核。灰色菌核病叶鞘受害形成淡红褐色小斑在剑叶鞘上形成长斑，一般不致水稻倒伏，后期在病斑表面和内部形成灰褐色小粒状菌核。

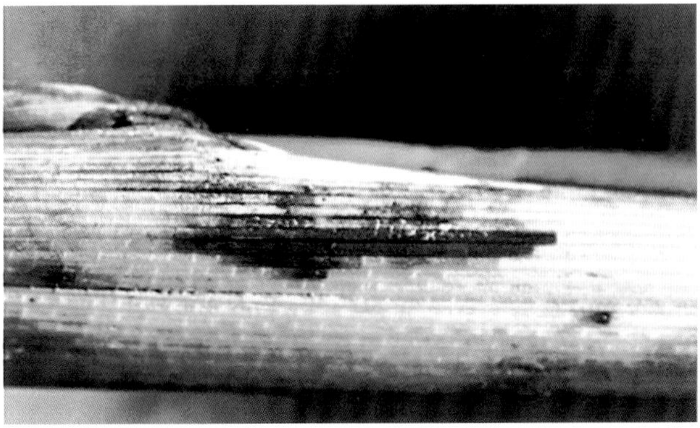

图 4-21　水稻小粒菌核病

图 4-22　水稻小粒菌核病与小黑菌核病

【防治措施】

栽培防病为主，辅以药剂防治。一般可结合防治纹枯病同时进行，栽培防病措施可参照纹枯病，但秆腐病与纹枯病也有所不同，故防治上应注意以下几点。

（1）因地制宜地选用抗病品种。

（2）减少菌源。病稻草要高温沤制，为减少菌源，对重病田尽量做到齐泥低割，不留禾头；病秆尽早烧掉。有条件的实行水旱轮作。

（3）加强水肥管理，浅水勤灌，适时晒田，后期灌跑马水，防止断水过早。多施有机肥，增施磷钾肥，特别是钾肥，忌偏施氮肥。

（4）药剂防治。在水稻拔节期和孕穗期喷洒 40%克瘟散（敌瘟灵）或 5%井冈霉素水剂 1 000 倍液、70%甲基硫菌灵可湿性粉剂 1 000倍液、50%多菌灵可湿性粉剂 800 倍液、50%腐霉剂可湿性粉剂 1 500 倍液、50%乙烯菌核利可湿性粉剂1 000~1 500 倍液、50%异菌脲或 40%菌核净可湿性粉剂1 000倍液、20%甲基立枯磷乳油 1 200 倍液。

第十四节　水稻水霉病

水稻水霉病又称绵腐病，是水稻秧苗期常发生的一种真菌性病害。水霉病多发生在 3 叶期前长期淹水的湿润秧田。

【症状与诊断】

发病时先在秧苗幼芽部位出现少量乳白色胶状物，以后长出白色棉絮状物，并向四周呈放射状扩散，直至布满整粒种子，后期病粒上的棉絮状物因附着了其他藻类而变成绿色或因沉积铁质而呈铁锈色（图 4-23~图 4-24）。

【防治措施】

（1）加强水分管理。湿润育秧播种后至现芽前，秧田厢面保持湿润，不能过早上水至厢面，遇低温下雨天短时灌水护芽。一叶展开后可适当灌浅水，2~3 叶期以保温防寒为主，要浅水勤灌。寒潮来临要灌“拦腰水”护苗，冷空气过后转为正常管理。

（2）喷药保护。播种前用敌克松进行苗床消毒。一旦发现中心病株后，应及时施药防治。每亩可用 25%甲霜灵可湿性粉剂 800~1 000 倍液或 65%敌克松可湿性粉剂 700 倍液或硫酸铜 1 000 倍液均匀喷施。绵腐病发生严重时，秧田应换清水 2~3 次后再施药。此外，

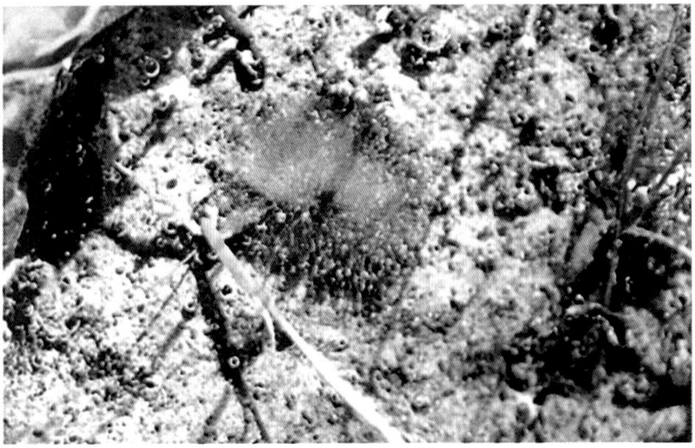

图 **4-23** 水稻水霉病幼芽上絮状物向四周呈放射状扩散

图 **4-24** 水稻烂秧病稻种水霉病

每亩撒施草木灰 15~25 kg 也有一定的防治效果。

第十五节 水稻白叶枯病

水稻白叶枯病又称白叶瘟、地火烧、茅草瘟。最早于 1884 年在日本发现，目前已成为亚洲和太平洋稻区的重要病害。在我国，以华东、华中和华南稻区发生普遍，为害较重，被列为我国有潜在危险性的植物病害。水稻发病后，一般引起叶片干枯，不实率增加，米质松脆，千粒重降低，一般减产 10%~13%，严重的减产 50%以上；发生凋萎型白叶枯病的稻田常造成死丛现象，损失严重。

【症状与诊断】

由于环境条件和品种抗病性的影响，此病可引起几种症状类型。

（1）叶缘型。又称叶枯型，是最常见的典型病斑。主要为害叶片。由于病菌多从水孔侵入，因此，病斑多从叶尖或叶缘开始，最初形成暗绿色短线状斑，随即扩展为短条状，后沿叶缘两侧或中脉向上或向下延伸，形成长条斑状，初为暗绿色水渍状，后变黄，最后转为黄褐色或灰白色，且病健组织交界处有明显的不规则波纹状，与健部界限分明；籼稻病斑多呈黄褐色或橙黄色，病健界限没有粳稻那么清楚。湿度大时，病部易见蜜黄色珠状菌脓（图 4-25）。

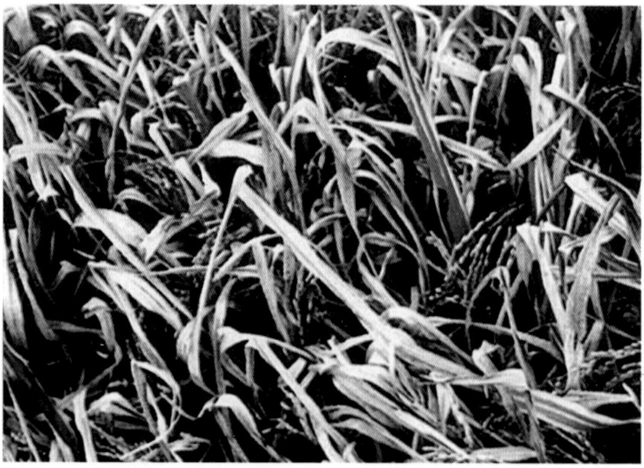

图 4-25　水稻白叶枯病严重为害状

（2）急性型。在环境条件有利和品种感病的情况下发生。叶片病斑暗绿色，迅速扩展，几天内可使全叶呈青灰色或灰绿色，呈开水烫伤状，随即纵卷青枯，病部有蜜黄色珠状菌脓。此种症状的出现，表示病害正在急剧发展。

（3）凋萎型。多在秧田后期至拔节期发生。病株心叶或心叶下 1~2 叶先失水、青卷、尔后枯萎，随后其他叶片相继青枯。病轻时仅1~2个分蘖青枯死亡，病重时整株整丛枯死。折断病株的茎基部并用手挤压，可见大量黄色菌液溢出。剥开刚刚青枯的心叶，也常见叶面有珠状黄色菌脓。根据这些特点以及病株基部无虫蛀孔，可与螟虫引起的枯心相区别。

（4）中脉型。在水稻分蘖或孕穗期，叶片中脉起初呈现淡黄条斑状，逐渐沿中脉扩展成上至叶尖下至叶鞘、枯黄色长条斑，并向全株扩展成为中心病株，这种病株常常没有出穗就死去。

（5）黄叶型。目前，国内仅在广东省发现。病株的新出叶均匀褪绿或呈黄色或黄绿色宽条斑，较老的叶片颜色正常。之后，病株生长受到抑制。在病株茎基部以及紧接病叶下面的节间有大量病原细菌存在，但在显现这种症状的病叶上检查不到病原细菌。

【防治措施】

防治白叶枯病应以种植抗病品种为基础，抓住秧苗防治这一关键，结合肥、水管理，辅以药剂防治。

（1）严格检疫工作，杜绝种子传病。无病区要防止带菌种子传入，保证不从病区引种，确需从病区调种时，要严格做好种子消毒工作。

（2）选用抗病品种。在病害流行区，要有计划地压缩感病品种面积，种植抗病、丰产良种。目前，有一批适宜各地种植的丰产性较好的抗病品种。

（3）培育无病壮秧。选用无病种子，选择地势较高且远离村庄、草堆、场地的上年未发病的田块做秧田，避免用病草催芽、盖秧、扎秧把；整平秧田，湿润育秧，严防深水淹苗；秧苗3叶期和移栽前3~5 d各喷药1次（药剂种类及用法同大田苗期防治）。

（4）加强肥、水管理。做到排灌分开，浅水勤灌，适时烤田，严防深灌、串灌、漫灌。要施足基肥，早施追肥，避免氮肥施用过迟、过量。

（5）药剂防治。老病区秧田期喷药是关键，一般3叶期及拔秧前各施1次药。

水稻进入感病生育期后，大田施药做到有一点治一片，有一片治一块的原则及时喷药封锁发病中心，如气候有利发病，应实行同类田普查防治，从而控制病害蔓延，防止扩大蔓延。病害常发区在暴风雨之后应立即喷药。可选用 10% 氯溴异氰脲酸可湿性粉剂 60 g/亩、亩用叶枯宁 100 g 或叶枯宁 100 g 加农用链霉素 20 g 或用 20%噻菌酮悬浮剂 100 g 或用 20% 叶枯唑可湿性粉剂 150 g，对水 50 kg 喷雾防治。用药次数根据病情发展情况和气候条件决定，一般间隔 7~10 d 喷 1 次。白叶枯病防治宜在上午露水干后或下午露水出现前进行，发病田要先打未发病的区域，最后打发病中心，避免人为和田间串灌传播。

第十六节　稻纵卷叶螟

稻纵卷叶螟（图 4-26）俗称刮青虫，是为害水稻的主要害虫之一。

【症状与诊断】

初孵幼虫取食心叶，出现针头状小点，也有先在叶鞘内为害，随着虫龄增大，吐丝缀稻叶两边叶缘，纵卷叶片成圆筒状虫苞，幼虫藏身其内啃食叶肉，留下表皮呈白色条斑（图 4-27），严重时“虫苞累累，白叶满田”，以孕穗期、抽穗期受害损失最大。

图 4-26　稻纵卷叶螟成虫和幼虫

【防治措施】

（1）农业防治。合理施肥，适时烤搁田，降低田间湿度，防止

图 4-27　稻纵卷叶螟为害水稻叶片状

稻株前期猛发嫩绿，后期贪青晚熟，可减轻受害程度。

（2）药剂防治。根据水稻孕穗期、抽穗期受害损失大的特点，药剂防治的策略为“狠治穗期世代，挑治一般世代”。

“两查两定”：一查稻纵卷叶螟消长和幼虫龄期以定防治适期，掌握 2 龄幼虫高峰前用药。二查有效虫量以定防治对象田，防治指标为，分蘖期每 100 丛 40~50 头、孕穗期每 100 丛 20~30 头有效虫量。

大田喷雾：在 2 龄幼虫高峰期施药，每亩用 20%氯虫苯甲酰胺悬浮剂 10 mL 或 40%氯虫・噻虫嗪水分散粒剂 8~10 g，或 15%茚虫威悬浮剂 12 mL，或 1.8%阿维菌素乳油 80~100 mL；在卵孵盛期至一龄幼虫高峰期施药，每亩用 32%丙溴磷・氟铃脲可湿性粉剂 50~60 mL，或 25.5%阿维・丙溴灵乳油 100 mL，或 50%丙溴磷乳油 100 mL，或 50%稻丰散乳油 100 mL，对水均匀喷雾。

第五章　花生主要病虫害识别与防治

第一节　花生叶斑病

花生叶斑病是花生生长中后期的重要病害，其发生遍及我国主要花生产区。轮作地发病轻，连作地发病重。重茬年限越长，发病越重，往往在收获季节前，叶片就提前脱落，这种早衰现象常被误认为是花生成熟的象征。花生受害后一般减产10%~20%，发病重的地块减产达40%以上。

【症状与诊断】

花生叶斑病包括褐斑病和黑斑病，两种病害均以危害叶片为主，在田间常混合发生于同一植株甚至同一叶片上，症状相似，主要造成叶片枯死、脱落。花生发病时先从下部叶片开始出现症状，后逐步向上部叶片蔓延，发病早期均产生褐色的小点，逐渐发展为圆形或不规则形病斑。褐斑病病斑较大，病斑周围有黄色的晕圈，而黑斑病病斑较小，颜色较褐斑病浅，边缘整齐，没有明显的晕圈。天气潮湿或长期阴雨，病斑可相互联合成不规则形大斑，叶片焦枯，严重影响光合作用。如果发生在叶柄、茎秆或果针上，轻则产生椭圆形黑褐色或褐色病斑，重则整个茎秆或果针变黑枯死（图5-1）。

【防治措施】

（1）农业防治。

①选用抗病品种。

②轮作换茬。花生叶斑病的寄主单一，只侵染花生，尚未发现其他寄主，与禾谷类、薯类作物轮作，可以有效控制其危害，轮作周期以两年以上为宜。

图 5-1　花生叶斑病叶片被害状

③清除病残体。花生收获后，要及时清除田间病残体，并深耕 30 cm 以上，将表土病菌翻入土壤底层，使病菌失去侵染能力，以减少病害初侵染来源。

④合理施肥。结合整地，施足底肥，并做到有机肥、无机肥搭配，氮、磷、钾三要素配合，一般亩施有机肥 4 000～5 000 kg，尿素 15～20 kg，过磷酸钙 40～50 kg，硫酸钾 10～15 kg。同时在开花下针期还要进行叶面喷肥，每亩用尿素 250 g，磷酸二氢钾 150 g，对水均匀喷施。

（2）药剂防治。在发病初期，当病叶率达 10%～15%时开始施药，每亩可用 60%唑醚·代森联可分散粒剂 60～100 g，或 80%代森锰锌可湿性粉剂 60～75 g，或 50%多菌灵可湿性粉剂 70～80 g，或 75%百菌清可湿性粉剂 100～150 g，每隔 7～10 d 喷药 1 次，连喷 2～3 次。

第二节　花生根腐病和茎腐病

花生根腐病和茎腐病属于土传真菌性病害。由于花生连年种植，发生和危害比较严重。一般减产 15%左右，发病严重地块减产在 30%以上，严重影响了花生的产量和品质。

【症状与诊断】

（1）花生根腐病。俗称“鼠尾”，各生育期均可发病。花生播后出苗前染病，侵染刚萌发的种子，造成烂种不出苗；幼苗受害，主根变褐，植株枯萎；成株受害，主根根茎上出现凹陷长条形褐色病斑，根部腐烂易剥落，无侧根或很少，形似鼠尾（图 5-2）。地上植株矮小，叶片黄，开花结果少，且多为秕果。

图 5-2　花生根腐病为害状

（2）花生茎腐病。俗称“倒秧病”“掐脖瘟”。花生生长前期和中期发病，子叶先变黑腐烂，然后侵染近地面的茎基部及地下茎，初为水浸状黄褐色病斑，后逐渐绕茎或向根茎扩展形成黑褐色病斑，地上部分叶片变浅发黄，中午打蔫，第 2 天又恢复，发病严重时全株萎蔫，枯死。

【防治措施】

（1）农业防治。选用优良抗病品种。合理轮作和套种。可与禾本科作物小麦、玉米、谷子等轮作、套种。加强田间管理。深翻改土，合理施肥，增施腐熟的有机肥，追施草木灰；及时中耕除草，促苗早发，生长健壮，增强花生抗病能力；及时拔除田间病株，带出销毁。花生收获后及时深翻土地，以消灭部分越冬病菌。

（2）药剂防治。种子处理：每 100 kg 种子用 25 g/L 咯菌腈悬浮种衣剂 100 mL，或 350 g/L 精甲霜灵种子处理乳剂 80 mL 对适量水，对种子进行均匀包衣。

第三节　花生白绢病

【症状与诊断】

花生白绢病是一种土传真菌性病害，多在成株期发生，主要危害茎基部、果柄、果荚及根。茎基病斑初期暗褐色，波纹状，逐渐凹陷，变色软腐，上被白色绢丝状菌丝层，直至植株中下部茎秆均被覆盖，最后茎秆组织呈纤维状，易折断拔起（图 5-3）。天气潮湿时，菌丝层会扩展到病株周围土壤，形成暗褐色、油菜籽状菌核。

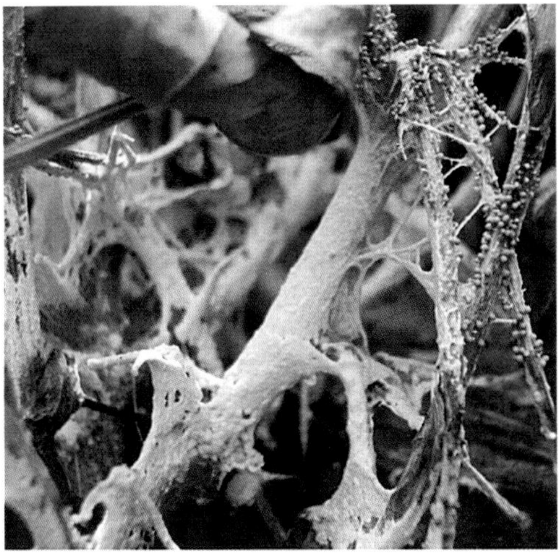

图 5-3　花生白绢病为害状

【防治措施】

（1）农业防治。深翻改土，加强田间管理。花生收获前，清除病残体；收获后深翻土壤，减少田间越冬菌源。

（2）药剂防治。种子处理。可用 50%多菌灵可湿性粉剂按种子量的 0.5%拌种；或用 50%甲基立枯磷乳油按种子量的 0.2%～0.4%

混拌。喷雾防治。在花生结荚初期，每亩用50%多菌灵可湿性粉剂100~120 g对水均匀喷雾。

第四节　花生灰霉病

花生灰霉病属于世界性病害，美国、委内瑞拉、日本和中国各地均有报道。一般为害较轻，但个别地方由于适宜的气候条件可能会引起灰霉病的流行成灾。1976年在广东春播花生田流行成灾，发生轻田块死苗率30%，严重田块可达90%，损失严重。病害在生长季早期发生易造成烂顶死苗和缺株断垄现象，发病较轻植株虽能生长，但长势减弱，影响荚果数量和种子饱满度，造成产量损失（图5-4~图5-5）。

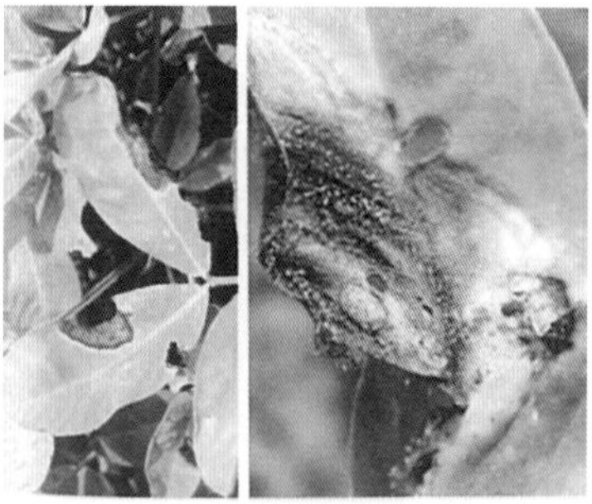

图5-4　典型症状及其放大一

图5-5　典型症状及其放大二

【症状与诊断】

花生灰霉病主要发生在花生生长前期，为害叶片、托叶和茎，顶部叶片和茎秆最易感病。被害部位初期形成圆形或不规则形水渍状病斑，似水烫状。天气潮湿时，病部迅速扩大，变褐色，呈软腐状，表面密生灰色霉层（病菌的分生孢子梗、分生孢子和菌丝体），最后导致地上部局部或全株腐烂死亡。天气干燥时，叶片上的病斑近圆形，淡褐色，直径2~8 mm。在高温、低湿的条件下，仅上部死亡的病株下部可能抽出新的侧枝，许多轻病株都可能恢复生长。茎基部和地下部的荚果也可受害，变褐腐烂，发病部位产生大量黑色菌核。

花生灰霉病病原菌在 PDA 培养基上生长速度较快，25℃恒温条件下，日平均生长速度为 15.2 mm，生长初期菌丝致密为白色，生长后期菌丝逐渐变为灰白色，并且产生大量的菌核。

病菌寄主范围很广，除花生外，还包括葡萄、茄子、番茄、甘蓝、菜豆、洋葱、马铃薯、草莓等 60 多种植物。

【发病规律】

病菌以菌核和菌丝体随病残体遗落于土壤中越冬，以分生孢子作为初侵染与再侵染源，分生孢子借风雨传播，从伤口和自然孔口侵入。病害的发生流行受气象条件及生育期的影响最为明显，低温、高湿条件有利于病害发生流行，如遇上长时间的多雨、多雾、多露气温偏低条件，病害易流行。播后出土慢的植株较出土快的病重；沙质土较沿河岸冲积土发病重；偏施过施氮肥发病重。

【防治措施】

（1）选用抗病高产品种。花生品种间抗病性明显不同，澄油 15、粤油 551 选、305 等品种抗病力较强，可因地制宜地选种。

（2）农业防治。及时排除田间积水，降低田间湿度；合理使用氮肥，增施磷、钾肥；因地制宜地选择播期，避免过早播种；加强栽培管理，提高植株抗性。

（3）药剂防治。发病初期及时进行药剂防治。可选用 10%多抗霉素可湿性粉剂 800 倍液、50%腐霉利可湿性粉剂 1 000 倍液、50%异菌脲可湿性粉剂 1 500 倍液喷施，隔 7~10 d 喷 1 次，连喷 2~3 次。

第五节 荚果腐烂病

【症状与诊断】

果壳受侵染后出现淡棕黑色病斑。病斑扩大并连成一片，整个荚果表皮变色，随着病害进一步发展，果壳组织分离，果壳腐烂（图 5-6）。腐烂组织的结构和颜色随有机质和土壤因素的变化而不同。烂果的植株地上部分正常，一般不表现萎蔫症状（图 5-7）。

图 5-6　荚果腐烂症状

图 5-7　烂果植株

腐霉菌丝纤细无规则分枝，常形成菌丝膨大体和附着孢，很少产生厚垣孢子。游动孢子囊从不分化的菌丝上产生，内生双边毛肾形的游动孢子。

镰刀菌产生小分生孢子、大分生孢子和厚垣孢子；其中小分生孢子无色无分隔，圆筒形，多为单细胞；大分生孢子镰刀形或新月形，具有3~5个分隔。厚垣孢子着生于菌丝中部或顶部，近球形。

【发病规律】

腐霉卵孢子和菌丝在病组织或其周围的土壤中越冬，并可随流水、农具以及牲畜等传播。

镰刀病菌以分生孢子或厚垣孢子在土壤、病株残体或种子上越冬，成为翌年的初侵染病原，病菌腐生性强，厚垣孢子能在土壤中残存很长时间。种子带菌，带菌率可高达40%以上。病菌主要借助雨水、大风及农事操作传播，从植株伤口或表皮直接侵入。病株产生分生孢子进行再侵染。

【防治措施】

（1）种植抗（耐）病花生品种。

（2）防治腐霉菌，在花生成熟期每亩施用石膏10~20 kg，直接撒施于结果部位的地面上。药剂拌种：用福美双（每100 kg种子用药50 g）。

（3）防治镰刀菌，发病初期，用根腐灵300倍液喷施或灌根，50%多菌灵可湿性粉剂1 000倍液喷施或灌根，70%甲基硫菌灵可湿性粉剂800~1 000倍液喷施或灌根。

第六节　花生黄萎病

花生黄萎病在美国、阿根廷及澳大利亚等国家均有报道。特别是在澳大利亚花生黄萎病发生相当普遍，且危害严重，花生受害后常常减产14%~64%。在我国的河南、山东等省有报道。

【症状与诊断】

花生黄萎病一般在开花期显症。病株下部叶片淡绿无光或黄化变色。随着病害发展，植株上许多叶片枯萎变褐脱落，生长停滞，叶片稀疏而结果少。根部、茎部和叶柄的维管束变褐至黑色。病荚果变褐腐烂，表面散生一片片白色粉末图 5-8。

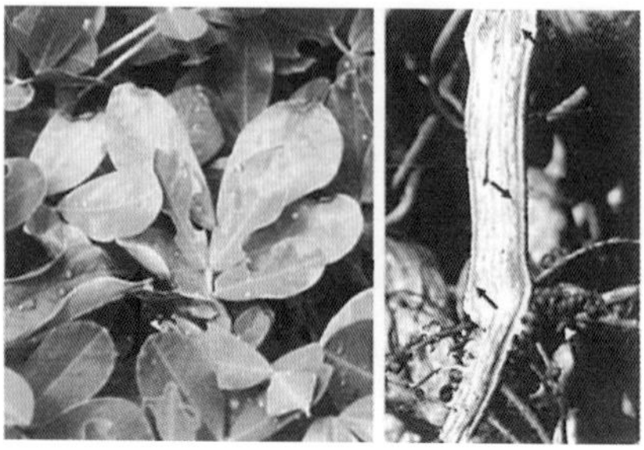

图 5-8　花生黄萎病叶部（左）和茎部症状（右）

【发病规律】

花生轮枝菌是一种腐生性较强的真菌，在没有寄主植物的情况下在土壤中可存活多年。0～30 cm 土层中的发病率比其深层高 3～4 倍。肥沃土壤较瘠薄土壤发病重。过多施用氮肥有利于病害发生。

【防治技术】

（1）合理轮作。花生可与禾谷类作物轮作，忌与棉花、马铃薯、番茄等茄科及瓜类作物连茬。

（2）农业防治。清除田间病残体；收获后深耕，将病残落叶埋入地下；合理施肥，增施磷、钾肥，适量施用氮肥。

第七节　花生黑瘸病

【症状与诊断】

成株期，感病植株叶片初期褪绿变黄，后期萎蔫。严重受害的植株，整个植株萎蔫，死亡。拨开病株地上部枝条，可见病株的茎基部变黑腐烂。严重受害的植株，拔起时容易造成断头，地下荚果和根系变黑腐烂。在潮湿条件下，茎基部等感病部位常常生长有大量的橙色至红色小颗粒状物，是病原菌的子囊壳（图 5-9）。

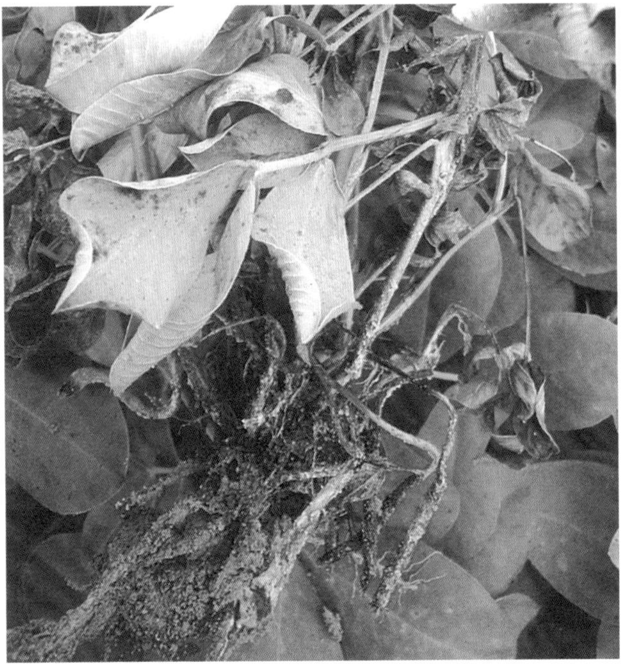

图 5-9　花生黑腐病症状

病原菌丝棉絮状，初为白色，后变为杏黄色。分生孢子梗生于多隔菌柄上，帚状分支，分支处常有隔膜。产孢细胞瓶状，无隔。菌柄较长，具分隔。菌柄末端泡囊多为圆球状。分生孢子单生，无色，圆柱形，1~3 个隔膜。子囊壳亚球形或卵形，子囊无色透明，棍棒状，具长柄，内含 8 个子囊孢子。子囊孢子无色，纺锤形至镰刀形，两端稍圆，1~3 个隔膜，分隔处常有缢缩；厚垣孢子易形成褐色微小菌核。

【发病规律】

病菌通过微小菌核在土壤中、植物病残体上或种子上越冬，是初侵染源。当条件合适时，微小菌核萌发的菌丝侵入花生根部或茎基部。微小菌核可以随风或种子进行长距离的传播，田间通过农事操作、牲畜进行近距离的传播。

【防治措施】

轮作（勿与大豆轮作）。种植抗病品种。土壤熏蒸。

第八节　黄曲霉侵染和毒素污染

黄曲霉侵染和毒素污染花生在世界范围均有发生，热带和亚热带地区花生受害严重。在我国主要发生在南方产区，以广东、广西、福建较为严重。黄曲霉菌是一种弱寄生菌，在花生生长后期能够侵染花生荚果、种子，引起种子储藏期霉变，播种后种子腐烂、缺苗，影响幼苗生长，同时所产生的代谢产物黄曲霉毒素对人和动物有很强的致癌作用，现已受到人们的高度重视。

【症状与诊断】

受病菌感染的种子播下后，长出的胚根和胚轴受病菌侵染易腐烂，造成烂种、缺苗。花生出苗后，黄曲霉病菌最初在之前受感染的子叶上出现红褐色边缘的坏死病斑，上面着生大量黄色或黄绿色分生孢子。当病菌产生黄曲霉毒素时，病株生长严重受阻，叶片呈淡绿色，植株矮小。

花生收获前受到土壤中病菌感染，菌丝通常在种皮内生长，形成白色至灰色霉变。荚果和种仁感染部位长出黄绿色分生孢子。收获后，条件适宜时，病菌在储藏的荚果、种仁中迅速蔓延。严重时，整个种仁布满黄绿色分生孢子，同时产生大量黄曲霉毒素。

菌丝无色，有分隔和分枝。病菌产生大量直立、无分枝、无色、透明的分生孢子梗，长 300~700 μm。分生孢子椭圆形、单胞、黄绿色、带刺，直径 3~6 μm（图 5-10）。

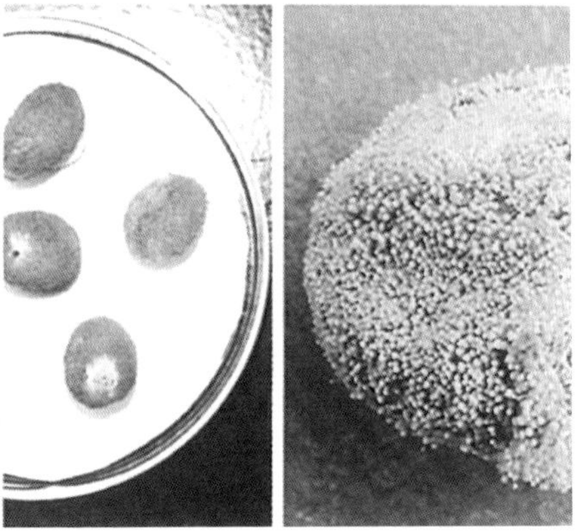

图 5-10 花生黄曲霉典型症状

【发病规律】

黄曲霉菌是土壤中的腐生习居菌，广泛存在于许多类型土壤及农作物残体中。收获前黄曲霉感染源来自土壤。在收获后储藏和加工过程中，花生也可受黄曲霉菌侵染，引起种子变霉，加重黄曲霉毒素污染。

花生生育后期遇干旱和高温是影响黄曲霉侵染的重要因素。研究表明，花生种子含水量降到30%时，容易感染黄曲霉。黄曲霉侵染的土壤起始温度为25～27℃，最适温度为28～30℃。地下害虫为害造成荚果破损有利于黄曲霉的侵染。

【防治技术】

（1）合理灌溉。改善花生地灌溉条件，特别是在花生生育后期和花生荚果期保障水分的供给，可避免收获前因干旱所造成的黄曲霉感染。

（2）防止伤果。盛花期中耕培土不要伤及幼小荚果。尽量避免结荚期和荚果充实期中耕，以免损伤荚果。适时防治地下害虫和病害，把病虫害对荚果的损伤降到最低程度。

第九节　花生条纹病毒病

【症状与诊断】

花生条纹病毒病，又称花生轻斑驳病毒病。在田间，种传花生病苗通常在出苗后 10~15 d 内出现症状，叶片表现斑驳、轻斑驳和条纹，长势较健株弱，较矮小，全株叶片均表现症状（图 5-11）。

图 5-11　叶片上条纹病毒病症状

受蚜虫传毒感染的花生病株开始在顶端嫩叶上出现清晰的褪绿斑和环斑，随后发展成浅绿与绿色相间的轻斑驳、斑驳、斑块和沿侧脉出现绿色条纹以及像树叶状花叶等症状（图 5-12）。叶片上症状通常一直保留到植株生长后期。该病害症状通常较轻，除种传苗和早期感染病株外，病株一般不明显矮化，叶片不明显变小。

图 5-12　花生条纹病毒病症状

【病原】

花生条纹病毒（PStV），属马铃薯 Y 病毒组病毒粒体为线状，长度为 750～775 nm，宽度 12 nm。病毒体外稳定性状：致死温度 55～60℃，稀释限点 10^{-3}～10^{-4}，存活期限 4～5 d。

【发病规律】

PStV 在带毒花生种子内越冬，种传花生病苗是病害主要初侵染源。病害被蚜虫以非持久性传毒方式在田间传播。

【防治措施】

应用感病程度低、种传率低的花生品种。应用无毒种子在与毒源隔离 100m 以上可以获得良好防病效果。清除田间和周围杂草，减少蚜虫来源并及时防治蚜虫。

第十节　花生蚜虫

花生蚜虫，俗称“蜜虫”，也叫“腻虫”，是我国花生产区的一种常发性害虫。一般减产 20%～30%，发生严重的减产 50%～60%，甚至绝产。

【为害特征】

在花生尚未出土时，蚜虫就能钻入幼嫩枝芽上危害，花生出土后，多聚集在顶端幼嫩心叶背面吸食汁液，受害叶片严重卷曲。始花后，蚜虫多聚集在花萼管和果针上为害，使花生植株矮小，叶片卷缩，影响开花下针和正常结实。严重时，蚜虫排出大量蜜露，引起霉菌寄生，使茎叶变黑，能致全株枯死（图 5-13）。

图 5-13　花生蚜虫为害状

【防治措施】

（1）农业防治。及早清除田间周围杂草，减少蚜虫来源。

（2）药剂防治。种子处理：每 100 kg 种子用 70%噻虫嗪种子处理可分散粉剂 200 g 进行种子包衣，兼治地下害虫和蓟马。大田喷雾：每亩用 2.5%溴氰菊酯乳油 20~25 mL，对水均匀喷雾，兼治棉铃虫。

（3）物理防治。用黄板 20~25 块/亩，于植株上方 20 cm 处悬挂于花生田间，可有效黏杀花生蚜虫。

（4）生物防治。保护利用瓢虫类、草蛉类、食蚜蝇类和蚜茧蜂类等天敌生物，当百墩蚜量 4 头左右，瓢虫：蚜虫比为 1：（100~120）时，可利用瓢虫控制花生蚜的危害。

第六章　蔬菜主要病虫害识别与防治

第一节　黄瓜白粉病

【症状与诊断】

苗期至收获期均可染病，叶片发病重，叶柄、茎次之，果实受害少。发病初期叶面或叶背及茎上产生白色近圆形星状小粉斑，以叶面居多，后向四周扩展成边缘不明显的连片白粉，严重时整叶布满白粉（图 6-1）。发病后期，白色粉斑因菌丝老熟变为灰色，病叶黄枯。有时病斑上长出成堆的黄褐色小粒点，后变黑，即病原菌的闭囊壳。

图 6-1　黄瓜白粉病叶片为害状

【防治措施】

（1）农业防治。选用抗病品种。注意通风透光，合理用水，降低空气湿度。施足底肥，增施磷钾肥，培育壮苗，增强植株抗病能力。

（2）药剂防治。每亩用25%嘧菌酯悬浮剂34 g，或50%苯氧菊酯干悬浮剂17 g，或50%烯酰吗啉可湿性粉剂60 g交替对水均匀喷雾。间隔7~10 d，视病情防治2~3次。

第二节　黄瓜枯萎病

【症状特征】

幼苗发病，子叶萎蔫，胚茎基部呈褐色水渍状软腐，潮湿时长出白色菌丝，猝倒枯死。成株开花结瓜后陆续发病，开始阶段中午植株常出现萎蔫，早晚恢复正常，逐渐发展为不能恢复，最后枯死。病株茎基部呈水渍状溢缩，主蔓呈水渍状纵裂，维管束变成褐色，湿度大时病部常长有粉红色和白色霉状物，植株自下而上变黄枯死。

【防治措施】

（1）农业防治。选用抗病品种。与非瓜类作物进行2年以上轮作。嫁接防病。

（2）药剂防治。定植时，每亩用50%多菌灵可湿性粉剂4 kg拌细土撒入定植穴内。发病初期，可选用50%多菌灵可湿性粉剂500倍液、70%甲基硫菌灵可湿性粉剂400倍液，每株250 mL药液灌根，5~7 d 1次，连灌2~3次。

第三节　番茄早疫病

【症状与诊断】

番茄早疫病或称轮纹斑病，主要危害叶片，也可危害茎部和果实。叶斑多呈近圆形至椭圆形，灰褐色，斑面具深褐色同心轮纹，斑外围具有黄色晕圈，有时多个病斑连合成大型不规则病斑。潮湿时斑面长出黑色霉状物（图6-2）。茎部病斑多见于茎部分枝处，初呈暗褐色菱形或椭圆形病斑，扩大后稍凹陷亦具有同心轮纹和黑霉。果实受害多从果蒂附近开始，出现椭圆形黑色稍凹陷病斑，斑面长出黑霉，病部变硬，果实易开裂，提早变红。

图6-2　番茄早疫病叶片为害状

【防治措施】

（1）农业防治。选用抗病品种。合理轮作。与非茄科作物实行3年以上轮作。加强田间管理。实行高垄栽培，合理施肥，定植缓苗后要及时封垄，促进新根发生；温室内要控制好温度和湿度，加强通风透光管理；结果期要定期摘除下部病叶，深埋或烧毁，以减少传病的机会。

（2）药剂防治。定植前土壤消毒，结合翻耕，每亩撒施70%甲霜·锰锌可湿性粉剂2.5 kg，杀灭土壤中的残留病菌。定植后，用1∶1∶200等量式波尔多液喷雾预防病害发生，隔10~15 d喷洒1次。发病初期，每亩可用25%嘧菌酯悬浮剂40 g，或52.5%噁酮·霜脲氰可湿性粉剂40 g对水均匀喷雾，间隔7~10 d，视病情防治3~4次。

第四节　番茄叶霉病

叶霉病是温室大棚种植番茄的主要病害，分布广泛，发生普遍。

【症状与诊断】

此病主要危害叶片，严重时也危害茎、果、花。叶片被害时叶背面出现不规则或椭圆形淡黄或淡绿色的褪绿斑，初生白色霉层，后变成灰褐色或黑褐色绒状霉层（图 6-3）。叶片正面淡黄色，边缘不明显，严重时病叶干枯卷曲而死亡。病株下部叶片先发病，逐渐向上部叶片蔓延。严重时可引起全株叶片卷曲。果实染病，从蒂部向四周扩展，果面形成黑色或不规则形斑块，硬化凹陷。

图 6-3　番茄叶霉病叶片背面为害状

【防治措施】

（1）农业防治。合理轮作。与瓜类或其他蔬菜进行 3 年以上轮作。加强棚内温湿度管理，适时通风，适当控制浇水，浇水后及时通风降湿，连阴雨天和发病后控制灌水。合理密植，及时整枝打杈，以利通风透光。实施配方施肥，避免氮肥过多，适当增加磷、钾肥。

（2）药剂防治。温室消毒。栽苗前，每亩用 45% 百菌清烟剂 200~300 g 熏闷，进行室内和表土消毒。发病初期，可选 10% 苯醚甲环唑可湿性粉剂 1 500~2 000 倍液，或 2% 武夷菌素水剂 500 倍液，或 250 g/L 嘧菌酯悬浮剂 800~1 000 倍液交替使用，间隔 7~10 d，视病情防治 3~4 次。如遇阴雨雪天气，每亩可用 45% 百菌清烟熏剂 1 kg 烟熏，每 7~10 d 烟熏 1 次，可与喷雾剂交替使用。

第五节　辣椒病毒病

病毒病为辣椒重要病害，分布广泛，发生普遍。一般减产30%左右，严重的高达60%以上，甚至绝产。

【症状与诊断】

常见症状有花叶、畸形和丛簇、条斑坏死等。花叶型病叶出现浓绿与淡绿相间的斑驳，叶片皱缩，易脆裂，或产生褐色坏死斑。叶片畸形和丛簇型，在初发时心叶叶脉褪绿，逐渐形成浓淡相间的斑驳，叶片皱缩变厚，并产生大型黄褐色坏死斑。叶缘上卷，幼叶狭窄如线状，病株明显矮化，节间缩短，上部叶呈丛簇状（图6-4）。果实感病后出现黄绿色镶嵌花斑，有疣状突起，果实凹凸不平或形成褐色坏死斑，果实变小，畸形，易脱落。条斑坏死型的叶片主脉出现黑褐色坏死，病情沿叶柄扩展到枝、主茎及生长点，出现系统坏死性条斑，植株明显矮化，造成落叶、落花、落果。

图6-4　辣椒病毒病为害状

【防治措施】

（1）农业防治。选用抗耐病品种。种子用10%磷酸钠溶液浸泡20~30 min后洗净催芽。施足底肥，采用地膜覆盖栽培，适时播种，培育壮苗。生长期加强管理，高温季节勤浇小水。夏季种植采用遮阳网覆盖，或与高秆遮阴作物间作，改善田间小气候。

（2）药剂防治。防治蚜虫预防病毒病。见蔬菜蚜虫防治措施。喷雾防治病毒病。可用20%吗胍·乙酸铜可湿性粉剂500倍液，或0.5%菇类蛋白多糖水剂400倍液均匀喷雾防治。

第六节　菜豆细菌性疫病

【症状与诊断】

主要侵染叶和豆荚，也侵染茎蔓和种子。带菌种子出苗后，子叶呈棕褐色溃疡斑，或在着生小叶的节上及第2片叶柄基部产生水浸状斑，扩大后为红褐色溃疡斑，病斑绕茎扩展，幼苗即折断干枯；成株期，叶片染病，始于叶尖或叶缘，初呈暗绿色油渍状小斑点，后扩展为不规则形褐斑，病组织变薄近透明，周围有黄色晕圈，发病重的病斑连合，终致全叶变黑枯凋或扭曲畸形（图6-5）。茎蔓染病，生红褐色溃疡状条斑，稍凹陷，绕茎一周后，致上部茎叶枯萎。豆荚染病，初也生暗绿色油渍状小斑，后扩大为稍凹陷的圆形至不规则形褐斑，严重时豆荚皱缩。种子染病，种皮皱缩或产生黑色凹陷斑。

图6-5　菜豆细菌性疫病叶片为害状

【防治措施】

（1）农业防治。收获后彻底清除病残体，集中销毁，并深翻、晒土晾地，减少越冬病菌。加强栽培管理。避免田间湿度过大，减少田间结露的条件。

（2）药剂防治。种子消毒。用55℃恒温水浸种15 min捞出后移入冷水中冷却，或用种子重0.3%的50%福美双可湿性粉剂拌种，或用72%农用硫酸链霉素可溶性粉剂500倍液浸种24 h。发病初期，用77%氢氧化铜可湿性粉剂500倍液，或20%噻菌铜悬浮液600倍液，或30%琥胶肥酸铜可湿性粉剂500倍液，或72%农用硫酸链霉素可溶性粉剂3 000~4 000倍液均匀喷雾防治。间隔7~10 d，视病情防治2~3次。

第七节　白菜霜霉病

白菜霜霉病在全国各地普遍发生，是白菜3大病害之一。

【症状与诊断】

此病主要为害叶片，也能为害植株茎、花梗和种荚，整个生育期均可发病。大白菜莲座期叶片外叶开始染病，发病初期叶片背面出现淡绿色水渍状斑点，后扩大成黄褐色，病斑受叶脉阻隔成多角形，潮湿时叶片背面生白色霜霉状物（图6-6）。大白菜进入包心期后病情加速，从外叶向内发展，严重时脱落。留种植株发病，花梗肥肿、弯曲畸形、花瓣变绿，不易脱落，可长出白色霉状物，导致结实不良。

【防治措施】

（1）农业防治。选择抗病品种。重病地与非十字花科蔬菜轮作2年以上。加强栽培管理。提倡深沟高畦，密度适宜，及时清理水沟，保持排灌畅通；施足有机肥，适当增施磷、钾肥。

（2）药剂防治。发病初期，每亩用25%嘧菌酯悬浮剂30 mL或50%烯酰吗啉可湿性粉剂40 g对水均匀喷雾。间隔7~10 d，视病情防治2~3次。

图6-6 白菜霜霉病叶片背面为害状

第八节 白菜软腐病

【症状与诊断】

常见症状是在植株外叶上，叶柄基部与根茎交界处先发病，初水渍状，后变灰褐色腐烂，病叶瘫倒露出叶球，俗称“脱帮子”，并伴有恶臭；另一种常见症状是病菌先从菜心基部开始侵入引起发病，而植株外生长正常，心叶逐渐向外腐烂发展，充满黄色黏液，病株用手一拨即起，俗称“烂疙瘩”，湿度大时腐烂并发出恶臭（图6-7）。

【防治措施】

（1）农业防治。选用抗病品种。避免与十字花科、葫芦科、茄科蔬菜连作。播种前2~3周深翻晒垄，促进病残体腐烂分解。加强栽培管理。选择地势高、地下水位低和比较肥沃的地种植；适期晚播，高垄栽培；增施有机栏肥；发现病株及时拔除，并用生石灰消毒。

（2）药剂防治。发病初期，每亩用46.1%氢氧化铜水分散粒剂20 g或47%春雷霉素·王铜可湿性粉剂80 g对水均匀喷雾。间隔7~10 d，视病情防治2~3次。

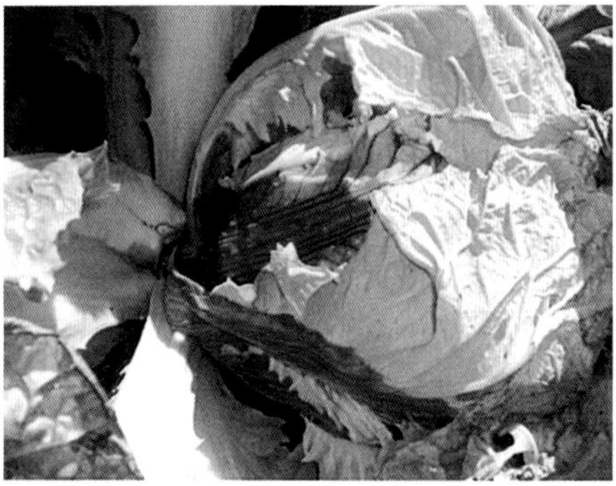

图6-7 大白菜软腐病为害状

第九节 蔬菜蚜虫

常见的蔬菜蚜虫有桃蚜、萝卜蚜和甘蓝蚜3种。

【为害特征】

萝卜蚜、甘蓝蚜主要为害十字花科蔬菜，前者喜食叶面毛多而蜡质少的蔬菜，如白菜、萝卜，后者偏食叶面光滑、蜡质多的蔬菜，如甘蓝、花椰菜。桃蚜除了为害十字花科蔬菜外，还为害番茄、马铃薯、辣椒、菠菜等蔬菜。菜蚜成蚜和若蚜群集在寄主嫩叶背面、嫩茎和嫩尖上刺吸汁液，造成叶片卷缩变形，影响包心，大量分泌蜜露污染蔬菜，诱发煤污病，影响叶片光合作用（图6-8）。同时为害留种植株嫩茎叶、花梗及嫩荚，使之不能正常抽薹、开花、结实。此外，蚜虫还传播多种病毒病，造成的为害远远大于蚜害本身。

【防治措施】

（1）物理防治。银灰膜避蚜。苗床四周铺宽约15 cm的银灰色

图 6-8　菜蚜为害状

薄膜，苗床上方挂银灰薄膜条，可避蚜，防病毒病。在菜田间隔铺设银灰膜条，可减少有翅蚜迁入传毒。黄板诱杀。棚室内设置涂有黏着剂的黄板诱杀蚜虫。黄板规格 30 cm×20 cm，悬挂于植株上方 10~15 cm 处，每亩 20~30 块。

（2）药剂防治。每亩用 3%除虫菊素微囊悬浮剂 20 g、10%吡虫啉可湿性粉剂 30 g，或 25%噻虫嗪水分散粒剂 3 g，或 15%哒螨灵乳油 15~20 mL，或 5%啶虫脒乳油 15~20 mL 对水均匀喷雾，间隔 10~15 d，视虫情防治 2~3 次。保护地可选用灭蚜烟剂，每亩用 400~500 g，分散放 4~5 堆，用暗火点燃，冒烟后密闭 3 h，杀蚜效果在 90%以上。

第十节　红蜘蛛

红蜘蛛是为害蔬菜的红色叶螨的统称，是包括朱砂叶螨、截形叶螨的复合种群。各地均有分布，以朱砂叶螨和截形叶螨为害最重。前者主要为害瓜类，后者主要为害茄子、豆类等蔬菜。

【为害特征】

成螨和若螨群集叶背，常结丝网，吸食汁液。被害叶片初时出现白色小斑点，后褪绿为黄白色。严重时锈褐色，似火烧状，俗称“火龙”。被害叶片最后枯焦脱落，甚至整株枯死（图 6-9）。茄果受害后，果实僵硬，果皮粗糙，呈灰白色。

图 6-9　叶螨为害状

【防治措施】

（1）农业防治。早春起不断清除田间、地头、渠边杂草，可显著抑制其发生。收获后，彻底清除田间残枝落叶、减少越冬螨源。秋季深翻菜地，破坏其越冬场所。合理灌溉，适当施用氮肥，增施磷肥，促进蔬菜健壮生长，提高抗螨能力。

（2）药剂防治。可用 15%哒螨灵乳油 1 500 倍液，或 2%阿维菌素乳油 3 000~4 000 倍液均匀喷雾防治。用药间隔 7~10 d，视虫情防治 1~3 次。

第七章　马铃薯主要病虫害识别与防治

马铃薯属茄科多年生草本植物，块茎可供食用，是全球第四大重要的粮食作物，仅次于小麦、稻谷和玉米。在我国也是4大主粮作物之一。

中国是世界马铃薯总产最多的国家。和番茄类似马铃薯的病害也较为繁多，据统计超过300种，常见的造成重大危害的有十余种。

第一节　马铃薯早疫病

【症状与诊断】

主要为害叶片，也可为害块茎，多从下部老叶开始。

叶片受害。初期有一些零星的褐色小斑点，后扩大，呈不规则形，同心轮纹，周围有狭窄的褪色环晕；潮湿时斑面出现黑霉；严重时，连合成黑色斑块，叶片干枯脱落（图7–1）。

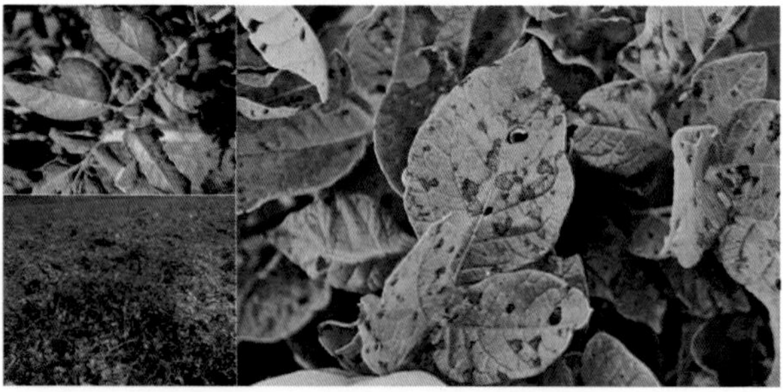

图7–1　马铃薯早疫病危害症状

块茎受害。块茎表面出现暗褐色近圆形至不定形、稍凹陷、病斑，边缘明显，病斑下薯肉组织变成褐色干腐。

【防治措施】

（1）选种早熟耐病品种；与非茄科作物轮作2年以上；选择地势高、土壤肥沃的地方种植；增施磷、钾肥，提高植株长势；合理密植，保持通风透气；及时清除田间病残枝，减少病源。

（2）发病初期，可选用下列药剂进行防治：代森锰锌，代森锌，苯醚甲环唑，肟菌·戊唑醇，嘧菌酯或吡唑醚菌酯。

第二节　马铃薯尾孢菌叶斑病

【症状与诊断】

主要为害叶片和地上部茎，块茎未见发病。初生黄色至浅褐色圆形病斑，扩展后为黄褐色不规则斑，有的叶斑不太明显；潮湿时，叶背现致密的灰色霉层，即病原菌的分生孢子梗和分生孢子（图7-2）。

图7-2　马铃薯尾孢菌叶斑病危害症状

【防治措施】

（1）收获后进行深耕；实行轮作。

（2）发病初期，选择喷洒以下药剂：50%多菌灵+万霉灵可湿性粉剂1 000~1 500倍液，或75%百菌清可湿性粉剂600倍液，或30%碱式硫酸铜悬浮剂400倍液，隔7~10 d 1次，连续防治2~

3 次。

第三节　马铃薯炭疽病

【症状与诊断】

严重时可造成部分植株坏死干枯和引起根茎腐烂。

叶片染病。发病初期叶色变淡（图 7–3），顶端叶片稍反卷（图 7–4），后全株萎蔫变褐枯死。

地下根部染病。从地面至薯块的皮层组织腐朽，易剥落，侧根局部变褐，须很坏死，病株易拔出。

图 7–3　初期叶片变淡

图 7–4　顶端叶片反卷

茎部染病。生许多灰色小粒点，茎基部空腔内长很多黑色粒状菌核。

【防治措施】

（1）实行轮作；及时清除田间病残体；加强田间肥水管理，避免高温高湿条件出现。

（2）发病初期，可采用下列药剂进行防治：嘧菌酯，苯醚甲环唑，或三氯异氰尿酸。

第四节　马铃薯晚疫病

【症状与诊断】

多从下部叶片叶尖或叶缘开始。

叶片受害。叶尖或叶缘产生水渍状、绿褐色小斑点，边缘有灰绿色晕环；湿度大时外缘出现1圈白霉，叶背更明显；干燥时病部变褐干枯，如薄纸状，质脆易裂。

块茎受害。表面出现黑褐色大斑块，皮下薯肉亦呈红褐色，逐渐扩大腐烂。叶柄受害：形成褐色条斑；潮湿时有白色霉层；严重时叶片萎垂、卷曲，全株黑腐（图7-5）。

图7-5　马铃薯晚疫病危害症状

【防治措施】

（1）选种抗耐病品种；选择地势高、土壤肥沃的地方种植；增施磷、钾肥，提高植株长势；合理密植，保持通风透气；及时清除田间病残枝；建立无病留种地，或脱毒种薯，减少病源。

（2）发病初期，可选用下列药剂进行防治：代森锌，代森锰锌，烯酰吗啉，霜脲氰，氰霜唑，唑醚菌胺或氟啶胺。

第八章　油菜主要病虫害识别与防治

第一节　油菜白粉病

【症状与诊断】

油菜白粉病属真菌病害。叶片、茎、花器、种荚均可发病。

在南方，病菌在十字花科蔬菜上辗转传播危害，无须越冬；在北方，病菌在病残体上越冬。田间发病后，病菌可借风雨传播。

病菌喜温湿条件，但耐干燥。干旱年份易发病；时晴时雨，高温、高湿交替，有利于该病侵染和病情扩展（图 8-1～图 8-2）。

图 8-1　发病初期，病叶上长出白色小粉斑

图 8-2　粉斑呈放射状向外扩展

【防治措施】

选用抗病品种，做好田园清洁；发病初期及时喷药，药剂可选用肟菌·戊唑醇、醚菌酯。

第二节　油菜霜霉病

【症状与诊断】

油菜霜霉病属真菌病害。油菜整个生育期均可发病，主要危害叶、茎和角果。病菌主要在病残株、土壤和种子上越夏和越冬，也可在病叶中越冬。在田间，病菌主要靠风雨及气流传播。白菜型油菜感病最重。春寒多雨，或雾露很重、昼夜温差大，病害易流行(图 8-3~图 8-4)。

【防治措施】

种植抗病品种；实行水旱轮作；播前用瑞毒霉等药剂拌种。发病初期，及时喷药防治，药剂可选用烯酰吗啉、氰霜唑等。

图 **8-3** 发病初期，叶片正面出现褪绿斑块

图 **8-4** 随着病情发展，斑块颜色逐渐加深

第三节　油菜菌核病

【症状与诊断】

油菜菌核病属真菌病害。植株地上部分均可发病，是油菜生产上的主要病害。病菌主要在土壤中或附着在采种株、病残体及种子中越夏和越冬，在田间主要借气流传播。开花期降水量大易发病(图 8-5~图 8-6)。

图 8-5　茎秆上出现具轮纹状病斑

图 8-6　病部长出白色絮状菌丝

【防治措施】

选用抗、耐病品种；实行稻油轮作；加强栽培管理，改善田间小气候；合理密植；播前进行盐水选种；油菜盛花期及时防治，药剂可选用咪鲜胺锰盐、啶酰菌胺等。

第四节　油菜黑斑病

【症状与诊断】

油菜黑斑病属真菌病害。主要危害叶片、叶柄、茎和角果，在我国各油菜产区均有分布。病菌在病残株和种子内外越夏或越冬。南方地区全年均可发生危害，无明显越冬期。在田间病菌主要依靠气流传播。白菜型油菜最感病。高温、高湿有利于发病。油菜开花期遇高温多雨天气，潜育期短，易发病（图 8-7～图 8-8）。

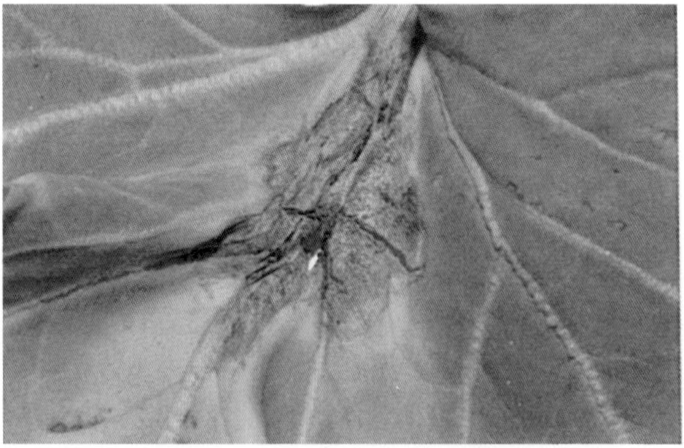

图 8-7　病斑可致叶片扭曲畸形

【防治措施】

选用抗病品种，配方施肥，及时清理田间病残体。播前可用福

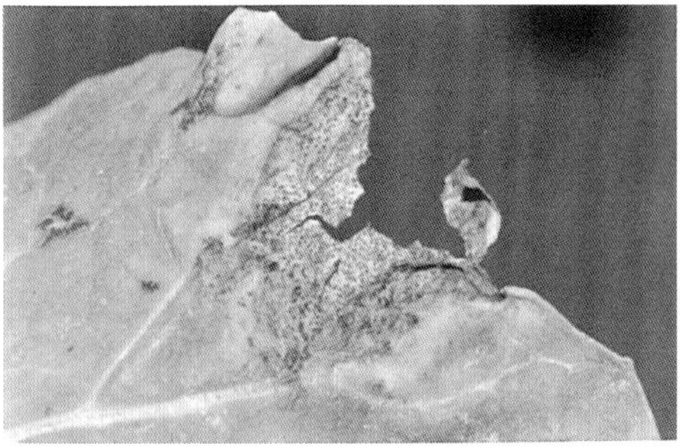

图 8-8　病斑破裂

美双等药剂浸种；大田发病初期及时喷药，药剂可选用异菌脲、苯醚甲环唑等。

第五节　油菜病毒病

【症状与诊断】

油菜病毒病属病毒病害，我国各油菜产区均有发生，是油菜的重要病害之一。

冬油菜区，病毒在寄主体内越冬，翌年春天由蚜虫传毒；春油菜区，病毒在十字花科蔬菜留种株上越冬。

油菜子叶期至抽薹期均可感病，子叶至 5 叶期为易感期。油菜栽培区秋季和春季干燥少雨、气温高，利于蚜虫大发生和有翅蚜迁飞，该病易发生和流行（图 8-9~图 8-10）。

【防治措施】

选用抗病品种，水旱轮作，适时播种，铲除杂草，可减轻发病；加强蚜虫防治；发病初期立即喷洒抗毒丰菇类蛋白多糖、植病灵等药剂。

图 8-9　叶片出现明脉

图 8-10　花序枯死

第六节　油菜根肿病

【症状与诊断】

油菜根肿病是由原生动物界芸薹根肿菌引起的病害，危害根部，引起根部肿大，植株矮化，严重时可导致油菜苗死亡，以致全田毁株。

病菌随病残体在土壤中和未腐熟的厩肥中越冬和越夏，借雨水、灌溉水、昆虫、土壤线虫及农事操作等传播。土壤 pH 值为 5.4~6.5 时病害最重；土温 19~25℃，土壤相对含水量在 50%~100%时，发病重（图 8-11 ~ 图 8-12）。

图 8-11　发病初期，病株萎蔫

图 8-12　病株根部肿大

【防治措施】

加强检疫，不从病区调用种子；实行水旱轮作，清沟防渍，降低土壤湿度；常发病田块，可施用石灰使土壤微碱性；在幼苗2~3叶期用药剂灌根处理，药剂可选用多菌灵、氰霜唑等。

第七节 油菜黑腐病

【症状与诊断】

油菜黑腐病属细菌病害。油菜各部位均可感病，主要危害叶、茎和角果。

病菌附于病残体和种子上或随病残体在土壤和堆肥中越冬或越夏。

高温多雨天气及高湿条件，利于病菌侵入，易发病。暴风雨频繁，发病重（图8-13~图8-14）。

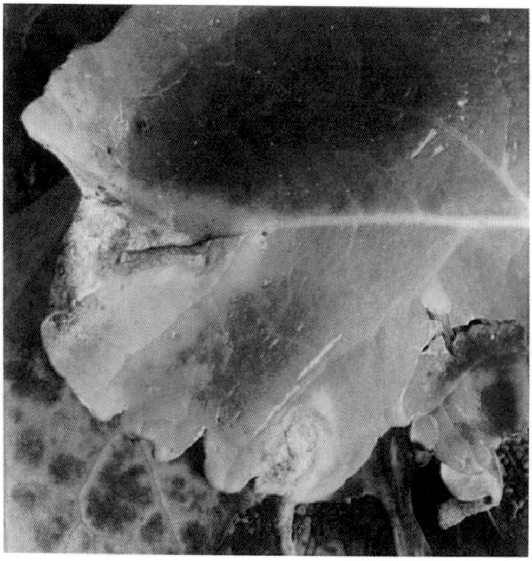

图8-13　有时病斑周围有黄晕

图 8-14　病斑扩展致叶片干枯

【防治措施】

种植抗病品种；与非十字花科作物进行轮作；播前可用代森铵等药剂浸种；发病初期，及时喷洒药剂防治，药剂可选用农用硫酸链霉素、新植霉素等。

第八节　油菜萎缩不实症

【症状与诊断】

油菜萎缩不实症属生理病害，又称花而不实病。

该病系缺硼引起的一种生理病害。油菜缺硼的原因很复杂，主要与成土母质、土壤质地以及农业技术措施等有关，在山区、半山区和丘陵地区发病面积较大（图 8-15~图 8-16）。

图 8-15　角果弯曲，难以结实

图 8-16　角果发育受阻

【防治措施】

发病地区施用硼砂是防治萎缩不实病的关键措施；增施腐熟有机肥、草木灰；培育壮苗适时移栽，促进油菜根系向纵深发展；一般在苗床和本田苗期、抽薹期各喷施硼肥 1 次，缺硼严重的田块还应在花期再喷施 1 次。

第九节　油菜茎秆生理性开裂

【症状与诊断】

油菜茎秆生理性开裂属生理病害，主要发生在茎秆上。

常出现在油菜抽薹旺长期。水肥充足、温度适宜时，油菜生长速度加快；而油菜茎秆表皮生长速度较慢，不能同步，于是出现表皮开裂，茎秆纵裂。前期干旱，抽薹期雨水充足，易发病。油菜缺硼，可加重病害的发生。

【防治措施】

增施有机肥料，提高油菜的抗寒能力和抗旱能力；若遇上冬旱，追肥数量要减少，次数也要减少，防止久旱降雨，肥力过大，出现茎秆纵裂；氮、磷、钾肥合理搭配，科学施用硼肥（图 8-17~图 8-18）。

图 8-17　开裂处逐渐延长

图 8-18　严重时，茎秆上出现多处开裂

第十节　油菜冻害

【症状与诊断】

油菜冻害属生理病害。

油菜在 4℃以下即停止生长，0 ℃以下的低温就有可能形成冻害。一般苗期受害最重，常造成死苗、断垄。

图 8-19　病株萎蔫

冬季温度在冰点以下且持续时间长是发生冻害的主要原因，造

成油菜冻害的不良环境主要有晚秋寒流和早春晚霜（图 8-19~图 8-20）。

图 8-20　病苗逐渐失绿干枯

【防治措施】

因地制宜选用抗寒性强的油菜品种；适时播种，培育壮苗；增施磷、钾肥及有机肥；覆盖保暖；培土冬灌；冻害后的油菜抵抗力下降，应喷施药剂预防病害发生，同时结合防病喷施叶面肥，补充作物营养，如 0.3%磷酸二氢钾、腐熟稀薄人畜粪尿等，以增强植株的抗逆性。

第九章　谷子主要病虫害识别与防治

我们在大面积种植稻谷时难免会有病虫害的发生，若不及时防治就会导致谷子大面积减产。下面给大家介绍的就是谷子主要病虫害防治方法。

第一节　谷子白发病

【症状与诊断】

幼苗被害后叶表变黄，叶背有灰白色霉状物，称为灰背。旗叶期被害株顶端 3、4 片叶变黄，并有灰白色霉状物，称为白尖。此后叶组织坏死，只剩下叶脉，呈头发状，故叫白发病。病株穗呈畸形，粒变成针状，称刺猬头（图 9–1）。

图 9–1　谷子白发病症状

【防治措施】

（1）轮作。实行 3 年以上轮作倒茬。

（2）拔除病株。在黄褐色粉末从病叶和病穗上散出前拔除病株。

（3）药剂拌种。50%萎锈灵粉剂，每 50 kg 谷种用药 350 g。也可用 50%多菌灵可湿性粉剂、每 50 kg 谷种用药 150 g。

第二节　谷子锈病

【症状与诊断】

谷子抽穗后的灌浆期，在叶片两面，特别是背面散生大量红褐色，圆形或椭圆形的斑点，可散出黄褐色粉状孢子，像铁锈一样，是锈病的典型症状，发生严重时可使叶片枯死（图 9-2）。

图 9-2　谷子锈病危害特征

【防治措施】

当病叶率达 1%～5%时，可用 15%的粉锈宁可湿性粉剂 600 倍液进行第 1 次喷药，隔 7～10 d 后酌情进行第 2 次喷药。

第三节　谷瘟病

【症状与诊断】

叶片典型病斑为梭形，中央灰白或灰褐色，叶缘深褐色，潮湿时叶背面发生灰霉状物，穗茎危害严重时变成死穗（图 9-3）。

图 9-3　谷瘟病危害特征

【防治措施】

叶面喷药防治。发病初期田间喷 65%代森锌 500~600 倍液，或甲基硫菌灵 200~300 倍液喷施叶面防治。

第四节　粟灰螟

【为害特征】

粟灰螟属鳞翅目螟蛾科，又名谷子钻心虫，是谷子上的主要害虫，以幼虫钻蛀谷子茎基部，苗期造成枯心苗，拔节期钻蛀茎基部造成倒折，穗期受害遇风易折到造成瘪穗和秕粒。

【发生规律】

粟灰螟在河北省 1 年发生 3 代，越冬幼虫于 4 月下旬至 5 月初化蛹，5 月下旬成虫盛发，5 月下旬至 6 月初进入产卵盛期，5 月下旬至 6 月中旬为一代幼虫为害盛期，7 月中下旬为二代幼虫为害期。三代产卵盛期为 7 月下旬，幼虫为害期 8 月中旬至 9 月上旬，以老熟幼虫越冬（图 9-4）。

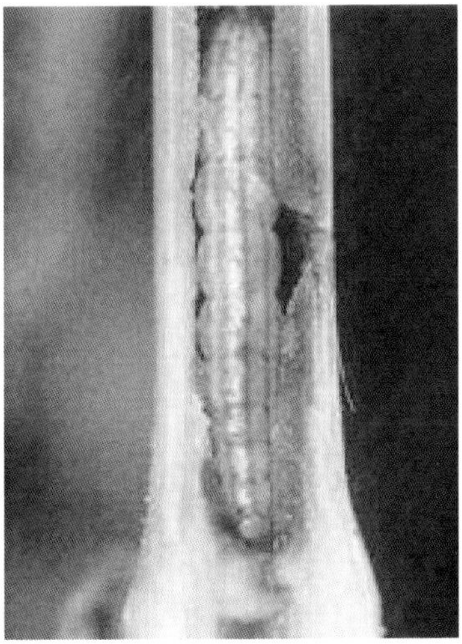

图 9-4　粟灰螟危害特征

【防治措施】

防治方法：当每 1 000 株谷苗有卵 2 块，用 80% 敌敌畏乳油 100 mL，加少量水后与 20 kg 细土拌匀，撒在谷苗根际，形成药带，也可使用 5% 甲维盐水分散粒剂 2 500 倍液、2.5% 天王星乳油 2 000~3 000 倍液、4.5%高效氯氰菊酯乳油 1 500 倍液、80%敌敌畏乳油 1 000 倍液、1.8%阿维菌素 1 500 倍液或 1%甲氨基阿维菌素 2 000 倍液等药剂防治，重点对谷子茎基部喷雾。

第五节　黏虫

【为害特征】

咬食作物的茎叶及穗，把叶吃成缺刻或只留下叶脉，或是把嫩茎或籽粒咬断吃掉（图 9-5）。

图 9-5　黏虫危害特征

【防治措施】

DDV 熏蒸法，每亩用 80% DDV，200 ~ 250 g 对水 500~1 000 g 拌谷糠、锯末等 2.5~3 kg，于晴天无风的傍晚均匀撒于谷田即可。喷雾法选用 2.5%的功夫、氯氰菊酯对水喷雾，90%的万灵、Bt 乳剂等农药进行防治，但施药期要提前 2~3 d。

第十章　豆类主要病虫害识别与防治

第一节　大豆紫斑病

大豆紫斑病是大豆种植过程中常见的病害，主要危害大豆的豆荚、豆粒、叶片和根茎，其中重点危害大豆的种子，严重影响其质量，危害甚大。

【症状与诊断】

大豆紫斑病主要为害豆荚和豆粒，也为害叶和茎。苗期染病，子叶上产生褐色至赤褐色圆形斑，云纹状。真叶染病初生紫色圆形小点，散生，扩展后形成多角形褐色或浅灰色斑。茎秆染病形成长条状或梭形红褐色斑，严重的整个茎秆变成黑紫色，上生稀疏的灰黑色霉层（图 10-1）。

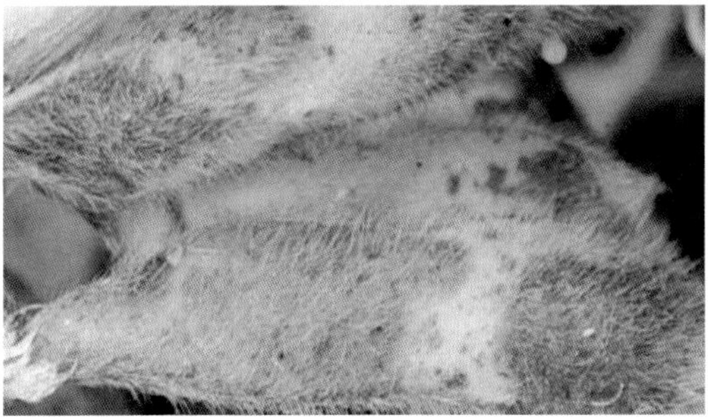

图 10-1　大豆紫斑病

【发病规律】

病菌以菌丝体潜伏在种皮内或以菌丝体和分生孢子在病残体上越冬，成为翌年的初侵染源。如手艺播种带菌种子，引起子叶发病，病苗或叶片上产生的分生孢子借风雨传播进行初侵染和再侵染。大豆开花期和结荚期多雨气温偏高，均温 25.5~27℃，发病重；高于或低于这个温度范围发病轻或不发病。连作地及早熟种发病重。

【防治措施】

（1）选用抗病品种，生产上抗病毒病的品种较抗紫斑病。如黑龙江 41 号、铁丰 19、楚秀、华春 18、丰地黄、跃进 2 号、3 号、徐州 424、沛县大白角、京黄 3 号、小寒王、中黄 4 号、长农 7 号、科黄 2 号、文丰 3 号、5 号、丰收 15、九农 5 号、9 号、牛尾黄、西农 65（9）等。

（2）播种前用种子重量 0.3%的 50%福美双+50%克菌丹可湿性粉剂拌种。

（3）剔除带病种子，适时播种，合理密植。

（4）与禾本科或其他非寄主植物进行两年以上的轮作。

（5）加强田间管理，注意清沟排湿，防止田间湿度过大。

（6）大豆收获后及时清除田间病残体，深翻土地，减少初侵染源。

（7）开花始期、蕾期、结荚期、嫩荚期是防治紫斑病的关键时期。可喷施下列药剂：50%多菌灵可湿性粉剂 800 倍液+65%代森锌可湿性粉剂 600 倍液；70%甲基硫菌灵可湿性粉剂 800 倍液+80%代森锰锌可湿性粉剂 500~600 倍液；50%多菌灵·乙霉威可湿性粉剂 1 000 倍液；50%苯菌灵可湿性粉剂 2 000 倍液+70%丙森锌可湿性粉剂 800 倍液等，每亩喷药液 35~40 kg，均匀喷施。

第二节　菜豆细菌性疫病

菜豆细菌性疫病病菌为细菌中的黄单胞杆菌。菌体短杆状，极生单鞭毛，有荚膜，不产生芽孢，革兰氏染色阴性，病菌发育适温为 30℃，最高温度为 38℃，致死温度为 50℃，10 min。

【症状与诊断】

叶、茎、荚、种子等部位均可发病。叶上最初在叶的两面产生水渍状小斑点，扩大后成不规则形，深褐色，边缘有黄色晕圈，干燥时似羊皮纸，半透明，质脆易破裂，最后全叶干枯，严重时似火烧状。茎上病斑红褐色，稍凹隐，长条形，后开裂。荚上病斑红褐色，凹陷，近圆形或不规则形。种子受害后种皮皱缩，有浅褐色凹陷的小斑。潮湿时叶、茎、荚的病斑上常有黄色粉状物（图 10-2）。

图 10-2　菜豆细菌性疫病

【发病规律】

病菌主要在种子内越冬，还可随病残体在田间越冬，成为初侵染来源。带菌种子萌发后，病菌从子叶和生长点侵入，沿维管束向全株及种子内扩展，致使病株萎缩或枯萎。菌脓经风雨、昆虫传播，从植株的水孔、皮孔，伤口侵入，引起茎叶发病。高温、多雨、多雾、多露发病重，重茬种植，虫害严重，肥力不足，管理粗放病害加重。

【防治措施】

（1）加强栽培管理。实行轮作，与葱、蒜类蔬菜轮作；施足有机底肥；清除病残体；高畦栽培。

（2）选用抗病品种。品种间抗病性有差异，一般蔓生种较矮生种抗病。

（3）种子消毒。选用无病种子是防病关键，可从无病地采种或用48℃温水浸种15 min，或用种子重量0.3%的50%敌克松拌种。

（4）药剂防治。农用链霉素，新植霉素各200 mg/L，20%DT杀菌剂300~400倍液，3%中生菌素可湿性粉剂600倍液，隔7~10 d 1次，连喷2~3次。

第三节　大豆菌核病

大豆原产中国，中国各地均有栽培，亦广泛栽培于世界各地。大豆是中国重要粮食作物之一，已有五千年栽培历史，古称菽，中国东北为主产区，是一种其种子含有丰富植物蛋白质的作物。大豆最常用来做各种豆制品、榨取豆油、酿造酱油和提取蛋白质。豆渣或磨成粗粉的大豆也常用于禽畜饲料。

【症状与诊断】

苗期染病茎基部褐变，呈水渍状，湿度大时长出棉絮状白色菌丝，后病部干缩呈黄褐色枯死，幼苗倒伏、死亡。成株期染病主要侵染大豆茎部，田间植株上部叶片变褐枯死。豆荚染病呈现水浸状不规则病斑，荚内外均可形成较茎内菌核稍小的菌核，可使荚内种子腐烂、干皱、无光泽，严重时导致荚内不能结粒（图10-3）。

【防治措施】

（1）选用耐病品种，排除种子中混杂的病菌核。

（2）合理轮作倒茬。大豆与禾本科作物轮作倒茬，可显著减少

图 10-3　大豆菌核病

田间菌核的积累，避免重茬、迎茬。

（3）加强田间管理。收获后应及时深翻，及时清除和烧毁残茎以减少菌源。大豆封垄前注意及时中耕培土。注意平整土地，防止积水和水流传播。

（4）化学防治。菌核病病菌子囊盘发生期与大豆开花期的重叠盛期是菌核病的防治最佳期。喷施 50%速克或 40%菌核净可湿性粉剂 1 000 倍液；50%扑海因可湿性粉剂 1 200 倍液；可喷施 50%多菌灵可湿性粉剂 500 倍液等。

第十一章　棉花主要病虫害识别与防治

第一节　棉花苗期病害

棉花苗期病害种类多，常见的有立枯病、炭疽病、猝倒病、红腐病等，其中立枯病和炭疽病发病比较普遍和严重。发病率一般为20%~30%，严重的达50%~90%。

【症状与诊断】

（1）立枯病（图11-1）。棉苗根部和近地面茎基部出现长条形黄褐色斑，发病严重时整个病斑扩展为黑褐色，环绕整个根茎造成环状缢缩，导致整株枯死，枯死株根部腐烂。子叶受害，多在被害叶子上产生不规则黄褐色病斑，病部干枯脱落后形成穿孔。发病田常出现缺苗断垄。

（2）炭疽病（图11-2）。幼苗根茎部和茎基部产生褐色条纹，严重时纵裂、下陷，导致维管束不能正常吸水，幼苗枯死。子叶受害，多在叶的边缘产生半圆形或近半圆形褐色斑纹，田间空气湿度大时，可扩展到整个子叶。茎部被害多从叶痕处发病，形成黑色圆形或长条形凹陷病斑，病斑上有橘红色黏状物。

【防治措施】

（1）农业防治。适时播种。早播则气温、土温偏低，延缓种苗出土时间，利于病菌侵入为害。晚播则不利于种苗生长，影响棉花产量。加强田间管理。出苗后及时耕田松土，及时清除田间病残体。雨后注意中耕，防止土壤板结。合理轮作。尽可能与其他作物实行3年以上轮作倒茬。

（2）药剂防治。种子处理。每100 kg种子用2.5%咯菌腈悬浮

图 11-1　棉花立枯病幼苗受害状

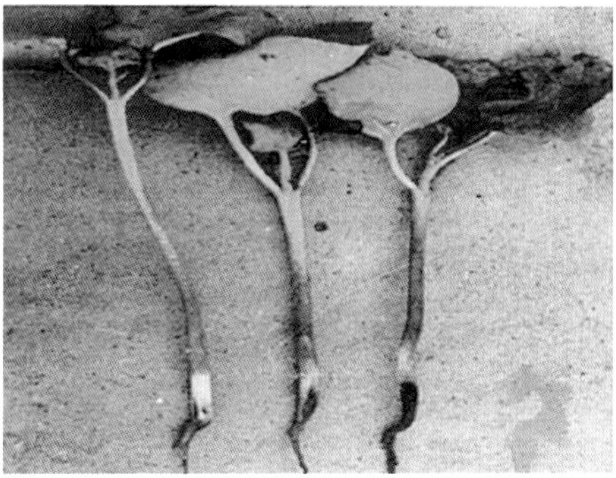

图 11-2　棉花炭疽病幼苗受害状

种衣剂 2.5 mL 包衣，或用 1%武夷菌素水剂或 2%宁南霉素水剂 200 倍液浸种 24 h。田间死苗率超过 2%时，可用 65%代森锰锌可湿性粉剂或 70%甲基硫菌灵可湿性粉剂 800~1 000 倍液喷雾防治。

第二节　棉花枯萎病

【症状与诊断】

棉花整个生育期均可受害，是典型的维管束病害。苗期症状有青枯型（图 11-3）、黄色网纹型（图 11-4）、黄化型（图 11-5）、红叶型（图 11-6）、矮缩型（图 11-7）、萎蔫型（图 11-8）等；蕾期症状有皱缩型、半边黄化型、枯斑型、顶枯型、光杆型等。种子带菌是造成病区迅速扩展的主要原因。

图 11-3　棉花枯萎病青枯型病株

图 11-4　棉花枯萎病黄色网纹型病叶

图 11-5　棉花枯萎病黄化型病株

图 11-6　棉花枯萎病红叶型病株

图 11-7　棉花枯萎病矮缩型（左）病株

图 11-8　棉花枯萎病萎蔫型病株

【防治措施】

（1）农业防治。种植抗病品种，严防从病区引种。轮作倒茬。如与小麦、玉米等禾本科作物轮作。加强栽培管理。增施底肥和磷肥，适期播种，及时定苗，拔除病苗，在苗期发病高峰前及时深中耕、勤中耕，及时追肥。在病田定苗、整枝时，将病株枝叶及时清除，并在棉田外深埋或烧毁。

（2）药剂防治。种子处理：每 100 kg 种子用 2%戊唑醇种子处理可分散粉剂 200 g 拌种或用 36%甲基硫菌灵悬浮剂 170 倍液浸种。大田喷雾：用 80%乙蒜素乳油 1 000~1 500 倍液均匀喷雾。

第三节　棉花黄萎病

【症状与诊断】

整个生育期均可发病。自然条件下幼苗发病少或很少出现症状。一般在 3~5 片真叶期开始显症，生长中后期棉花现蕾后田间大量发病，初在植株下部叶片上的叶缘和叶脉间出现浅黄色斑块，后逐渐扩展，叶色失绿变浅，主脉及其四周仍保持绿色，病叶出现掌状斑驳，叶肉变厚，叶缘向下卷曲，叶片由下而上逐渐脱落，仅剩顶部少数小叶（图 11-9、图 11-10）。蕾铃稀少，棉铃提前开裂，后期病株基部生出细小新枝。纵剖病茎，木质部上产生浅褐色变色条纹。夏季暴雨后出现急性型萎蔫症状，棉株突然萎垂，叶片大量脱落，严重影响棉花产量。

【防治措施】

（1）农业防治。选抗病品种。轮作倒茬（同枯萎病）。加强棉田管理。清洁棉田，减少土壤菌源，及时清沟排水，降低棉田湿度，使其不利于病菌滋生和侵染。平衡施肥，氮、磷、钾合理配比使用，切忌过量使用氮肥，重施有机肥，侧重施氮、钾肥。

图 11-9　棉花黄萎病发病初期叶片为害症状

图 11-10　棉花黄萎病发病后期叶片为害症状

（2）药剂防治。大田喷雾：用 0.5%氨基寡糖素水剂 400 倍液，或 80%乙蒜素乳油 1 000~1 500 倍液均匀喷雾。

第四节　棉蚜

俗称腻虫，为世界性棉花害虫。中国各棉区均有发生，是棉花苗期的重要害虫之一。

【为害特征】

棉蚜以刺吸式口器插入棉叶背面或嫩头部分组织吸食汁液，受害叶片向背面卷缩，叶表有蚜虫排泄的蜜露，并往往滋生霉菌（图 11-11）。棉花受害后植株矮小、叶片变小、叶数减少、现蕾推迟、蕾铃数减少、吐絮延迟。严重的可使蕾铃脱落，造成落叶减产。

【防治措施】

（1）农业防治。铲除杂草，加强水肥管理，促进棉苗早发，提高棉花对蚜虫的耐受能力。采用麦—棉、油菜—棉、蚕豆—棉等间作套种。结合间苗、定苗、整枝打杈，拔除有蚜株，并带出田外集中销毁。

（2）药剂防治。种子处理。每 100 kg 种子用 600 g/L 吡虫啉悬浮种衣剂 600~800 mL，或 70%噻虫嗪种子处理可分散粉剂 300~600 g，对水 1 000 mL 混成均一药液，将药液倒在种子上，边倒边搅拌直至药液均匀附着到种子表面。兼治地下害虫。大田喷雾。每亩用 10%吡虫啉可湿性粉剂 20~40 g，或 1%甲氨基阿维菌素苯甲酸盐乳油 40~60 mL，或 40%毒死蜱乳油 75~150 mL，或 3%啶虫脒乳油 15~20 mL，或 2.5%高效氯氟氰菊酯乳油 10~20 mL，对水均匀喷雾。

（3）物理防治。采用黄板诱杀技术。

（4）生物防治。保护利用天敌。棉田中棉蚜的天敌主要有瓢虫、草蛉、食蚜蝇、食蚜蝽、蜘蛛等。

图 11-11　棉蚜为害状

第五节　棉铃虫

棉铃虫是棉花蕾铃期为害的主要害虫。我国黄河流域棉区、长江流域棉区受害较重。

【为害特征】

棉铃虫主要以幼虫蛀食棉蕾、花和棉铃，也取食嫩叶。为害棉蕾后苞叶张开变黄，蕾的下部有蛀孔，直径约 5 mm，不圆整，蕾内无粪便，蕾外有粒状粪便，蕾苞叶张开变成黄褐色，2~3 d 后即脱落。青铃受害时，铃的基部有蛀孔，孔径粗大，近圆形，粪便堆积在蛀孔之外，赤褐色，铃内被食去一室或多室的棉籽和纤维，未吃的纤维和种子呈水渍状，成烂铃（图 11-12）。1 只幼虫常为害 10 多个蕾铃，严重时蕾铃脱落一半以上。

图 11-12　棉铃虫为害棉铃症状

【防治措施】

（1）农业防治。秋耕冬灌，压低越冬虫口基数。加强田间管理。适当控制棉田后期灌水，控制氮肥用量，防止棉花徒长。

（2）药剂防治。每亩用 1%甲氨基阿维菌素苯甲酸盐乳油 40~60 mL，或 2.5%高效氯氟氰菊酯乳油 20~60 mL，或 15%茚虫威悬浮剂 18 mL，或 5%氟铃脲乳油 100~160 mL，或 40%辛硫磷乳油 50~100

mL，或 40%毒死蜱乳油 75~150 mL，对水均匀喷雾。

（3）物理防治。利用棉铃虫成虫对杨树叶挥发物具有趋性和白天在杨枝把内隐藏的特点，在成虫羽化、产卵时，在棉田摆放杨枝把，每亩放 6~8 把，日出前收集处理诱到的成虫。在棉铃虫重发区和羽化高峰期，利用高压汞灯及频振式杀虫灯诱杀棉铃虫成虫。

（4）生物防治。每亩用 8 000 IU 苏云金杆菌可湿性粉剂 200~300 g，或 10 亿 PIB/克棉铃虫核型多角体病毒可湿性粉剂 100~150 g，对水均匀喷雾。每亩释放赤眼蜂 1.5 万~2 万头，或释放草蛉 5 000~6 000 头。

第六节　棉红蜘蛛

棉红蜘蛛也叫棉叶螨。广泛分布在全国各个棉区，是为害棉花的主要害虫之一。

【为害特征】

苗期至成熟期均有发生，以若螨和成螨群聚于叶背吸取汁液，被害棉叶先出现黄白色斑点，为害加重时叶片出现红色斑块，直到整个叶片变成褐色，干枯脱落（图 11-13、图 11-14）。

图 11-13　棉叶螨叶片背面为害状

图 11-14　棉叶螨叶片正面为害状

【防治措施】

（1）农业防治。冬春结合积肥清除田边地头杂草。棉花采收后，及时将棉秆粉碎，并秋耕冬灌，消灭越冬虫源。

（2）药剂防治。每亩用 15%哒螨灵乳油 40 mL，或 40%炔螨特乳油 50~60 mL，或 24%螺螨酯悬浮剂 10~20 mL，对水均匀喷雾。

第七节　棉盲蝽

近年来，随着抗虫棉的广泛种植和用药的减少，棉田害虫种群结构发生了相应变化，棉盲蝽（图 11-15）由次要害虫上升为主要害虫，发生为害程度逐年加重。

【为害特征】

主要为害棉花的幼嫩部分，苗期为害生长点，可使棉花造成无头棉“公棉花”“破头风”（图 11-16~图 11-17）。蕾期幼蕾受害，由黄绿色变黑变干，似“荞麦粒”，稍大的蕾受害后苞叶张开不久脱落，花铃期受害也会僵化脱落。

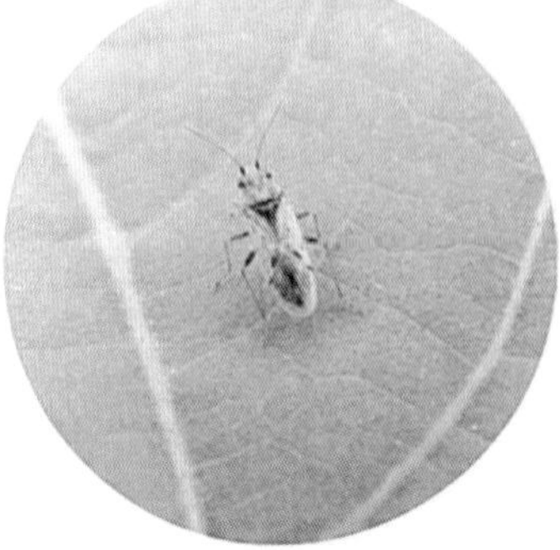

图 11-15　棉盲蝽成虫

图 11-16　棉盲蝽为害顶芽状

图 11-17　棉盲蝽为害幼叶状

【防治措施】

（1）农业防治。实行秋翻冬灌，清除田间杂草，消灭越冬虫源。苜蓿种植相邻的棉田，适当提早收割苜蓿，防止迁移扩散。

（2）药剂防治。每亩用 20%丁硫克百威乳油 5 mL+4. 5%高效氯氰菊酯乳油 40 mL，或 40%毒死蜱乳油 100~125 mL，或 1%甲氨基阿维菌素苯甲酸盐乳油 50 mL，或 2. 5%高效氯氟氰菊酯乳油 10~20 mL，或 3%啶虫脒乳油 50 mL，对水均匀喷雾。

（3）生物防治。保护利用蜘蛛、寄生螨、草蛉以及卵寄生蜂等天敌。

第十二章　芝麻主要病虫害识别与防治

第一节　芝麻立枯病

【症状与诊断】

芝麻立枯病属真菌病害，是芝麻苗期常见多发病害，各芝麻产区均有发生，以南方产区发生较重。

病菌以菌丝体和菌核在土壤和病残体内越冬。带病土壤是主要传染来源。在田间，病菌可通过风雨、灌溉水、肥料或种子传播蔓延。土温 11～30 ℃、土壤湿度 20%～60% 均可侵染。芝麻播种后 1 个月内，如降雨多、土壤湿度大，常可引起大量死苗（图 12-1～图 12-2）。

图 12-1　病苗萎蔫

【防治措施】

选用耐渍性强的品种，加强田间管理，与非寄主作物轮作，避免连作；播种前可用多·福剂拌种；田间发病初期，及时喷药防治，药剂可选用乙磷·锰锌、甲霜灵·锰锌等。

图 12-2　病苗茎基部变褐、缢缩

第二节　芝麻疫病

【症状与诊断】

芝麻疫病属真菌病害。芝麻整个生育期均可感病，主要危害叶、茎和蒴果。

病菌以休眠的菌丝或卵孢子在土壤、病残体和种子的胚上越冬。田间发病后，病菌可借风雨、流水传播蔓延。

高温高湿情况下病情扩展迅速，大暴雨后或夜间降温利于发病；持续降水或相对湿度在 90%以上，有利于病害大发生（图 12-3~图 12-4）。

【防治措施】

播种前用福美双拌种；采用高畦栽培，雨后及时排水；病地进行 2 年以上轮作，收获后及时清除田间病残株；发病初期喷药防治，药剂可选用甲霜灵·锰锌、多菌灵等。

图 12-3　生长点染病，嫩茎变褐枯死

图 12-4　干燥时，病叶出现黄褐色病斑

第三节 芝麻枯萎病

【症状与诊断】

芝麻枯萎病属真菌病害，又名半边黄，是芝麻的主要病害之一。

病菌以菌丝潜伏在种子内或随病残体在土壤中越冬。播种带菌种子，也可引起幼苗发病。

连作地、土温高、湿度大的瘠薄沙壤土易发病；田间操作以及虫害造成伤口，病菌易于侵入。(图 12-5~图 12-6)

图 12-5 病株萎蔫

图 12-6 半边根系受害时，相应的一侧茎秆和叶片枯死

【防治措施】

选用抗病品种；实行 3~5 年轮作；田间操作时避免伤根，防治地下害虫，均可减轻病害的发生；收获后及时清除遗留在田里的病残株；田间发现病株后，及时喷药防治，药剂可选用多抗霉素、络氨铜·锌等。

第四节　芝麻茎点枯病

【症状与诊断】

芝麻茎点枯病属真菌病害，又称茎腐病、炭腐病等，主要发生于芝麻开花结蒴果期。病菌以分生孢子器或小菌核在种子、土壤及病残体上越冬。田间发病后，病菌可通过风雨传播，使病害迅速蔓延。

雨日长、雨量多有利于发病；雨后骤晴发病重；种植过密、偏施氮肥、土壤潮湿以及连作地发病重（图 12-7~图 12-8）。

图 12-7　病株地上部萎蔫

【防治措施】

选用抗病品种，合理轮作；播种前温汤浸种，或者用甲基硫菌灵拌种；芝麻收获后，彻底清理病株残体，并深翻土壤；发病初期喷药防治，药剂可选用异菌脲、甲基硫菌灵等。

图 12-8　茎基部发病

第五节　芝麻叶斑病

【症状与诊断】

芝麻叶斑病属真菌病害，又称芝麻尾孢灰星病、芝麻蛇眼病、灰斑病、角斑病。主要危害叶片，也可侵染茎和蒴果，在我国各芝麻产区普遍发生。

病菌在种子内外或以子座在病斑组织内越冬，翌年产生新的分生孢子，随风雨传播。多雨潮湿条件有利于发病（图 12-9～图 12-10）。

【防治措施】

选择排水良好的地块种植芝麻，雨后及时清沟排渍，降低田间湿度；收获后及时清洁田园，清除病残体，适时深翻土地；发病初期喷药防治，药剂可选用醚菌酯、甲基硫菌灵等。

图 12-9　有的病叶上产生圆形小白斑

图 12-10　病斑易干枯破裂

第六节　芝麻叶枯病

【症状与诊断】

芝麻叶枯病属真菌病害。叶片、叶柄及茎和蒴果均可发病，各芝麻产区均有发生。病菌以菌丝或分生孢子在病残组织内或种子及土壤中越冬。在田间，病菌可通过风雨传播。

气温 25~28 ℃，田间相对湿度高于 80%，易发病；芝麻生长后期，多雨及土壤高湿条件下易发病（图 12-11~图 12-12）。

图 12-11　病叶上产生近圆形至不规则形病斑

【防治措施】

选用无病种子播种，增施磷、钾肥；雨后及时清沟排渍；收获后，彻底清除田间病残体；发病初期喷药防治，药剂可选用醚菌酯、甲基硫菌灵等。

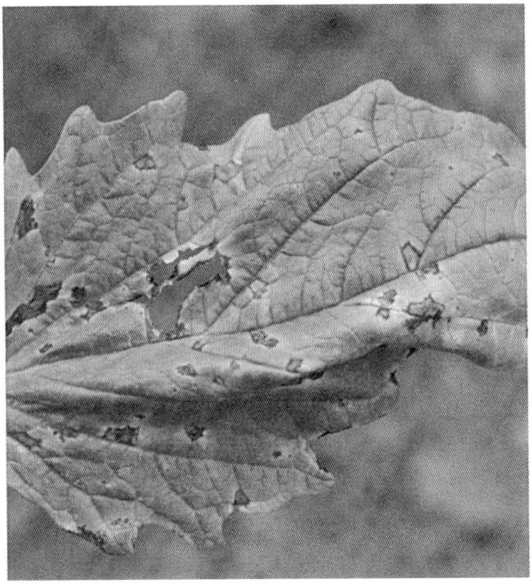

图 12-12　病斑暗褐色

第七节　芝麻黑斑病

【症状与诊断】

芝麻黑斑病属真菌病害。主要危害叶片和茎秆。

病原菌在病残体上越冬，也可以菌丝潜伏在种子中越冬。芝麻发病后，病斑上形成的分生孢子可借风雨传播，进行再侵染。

多雨年份发病重。芝麻生长期晴雨交替频繁，发病也重。连作地及播种早的地块，发病重（图 12-13~图 12-14）。

【防治措施】

选用抗病品种；芝麻收获后，清除田间病残体，深翻土地；发病初期，喷洒药剂防治，药剂可选用代森锰锌、异菌脲等。

图 12-13　田间发病状

图 12-14　叶片出现圆形至不规则形病斑

第八节　芝麻轮纹病

【症状与诊断】

芝麻轮纹病属真菌病害，主要危害叶片，也可侵染茎秆。

病原菌以菌丝在种子和病残体上越冬，成为翌年发病的初侵染源。翌春产生新的分生孢子，借风雨传播（图 12-15~图 12-16）。

长期阴雨，温度在 20~25 ℃，相对湿度在 90%以上，有利于病害发生。

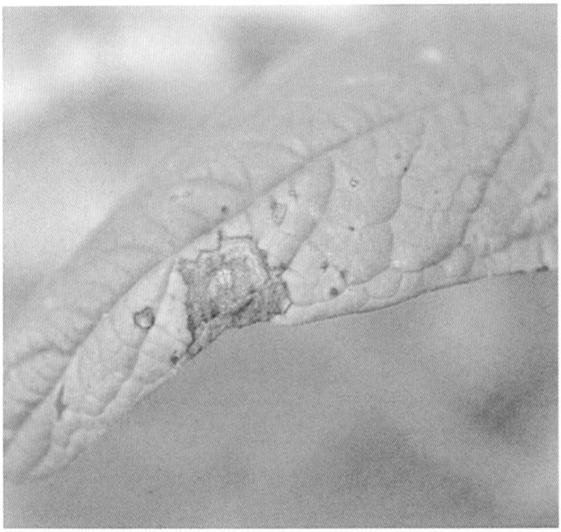

图 **12-15**　病斑呈不规则圆形

【防治措施】

实行轮作；合理栽培，加强田间管理，促使植株生长健壮，增强抗病力；芝麻收获后，彻底清除病残株，深翻土地；发病初期，喷洒药剂保护，药剂可选用代森锰锌、异菌脲等。

图 12-16　病斑中央褐色

第九节　芝麻病毒病

【症状与诊断】

芝麻病毒病属病毒病害。我国芝麻产区普遍发生。

病毒由桃蚜、花生蚜和大豆蚜等非持久性传播，也可经汁液传染（图 12-17~图 12-18）。

芝麻与花生混种地区，发病较重。蚜虫发生量大，发病重。

【防治措施】

避免与花生邻作或间作，清除芝麻田周围杂草，减少病毒的来源；适时晚播，避开蚜虫的迁飞高峰；及时防治蚜虫。

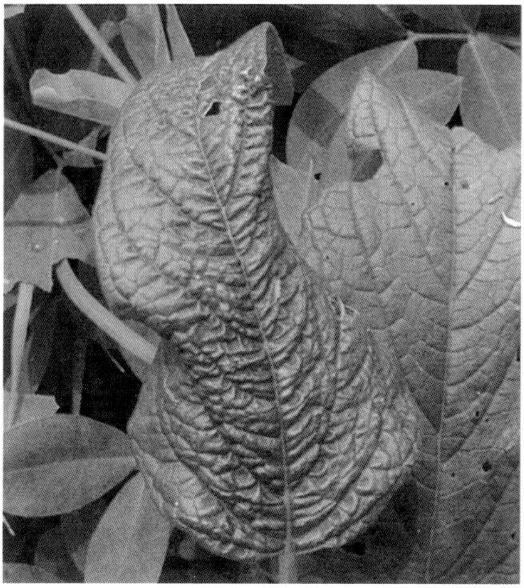

图 12-17　叶片皱缩

图 12-18　病株褪绿偏黄

第十节 芝麻细菌性角斑病

【症状与诊断】

芝麻细菌性角斑病属细菌病害，又称芝麻假单胞叶斑病、芝麻斑点细菌病。主要危害叶片，叶柄、茎和蒴果也可发病。我国芝麻产区普遍发生。

病菌在种子和叶片上越冬，带菌种子是该病主要初侵染源。田间发病后，病菌可借风雨传播（图 12-19）。

图 12-19 病斑有时沿叶脉发展，形成条斑

芝麻生育后期多雨、湿度大，发病重，干旱条件下发病轻。

【防治措施】

播种前用温汤浸种；实行轮作，芝麻收获后清除田间病残体；重病田与禾本科作物进行轮作；发病初期喷药防治，药剂可选用农用链霉素、绿乳铜等。

第十三章　主要农作物田间杂草识别与防治

农田杂草一般是指农田中非栽培的植物。广义地说，长错了地方的植物都可称之为杂草。从生态经济角度出发，在一定的条件下，凡害大于益的农田植物都可称为杂草，都应属于防除之列。

第一节　农田主要杂草的分类与识别

我国农田杂草约有 580 种，其中恶性杂草 15 种，主要杂草 31 种，区域性杂草 23 种。根据形态特征将杂草分为禾草类杂草、阔叶类杂草、莎草科杂草 3 类。

一、禾草类杂草

禾草类杂草主要包括禾本科杂草。其特征为：茎圆或略扁，节和节间区别明显，节间中空，中鞘开张，常有叶舌。胚具 1 子叶，叶片狭窄而长，平行脉，叶无柄。如稗草（图 13-1）、马唐（图 13-2）、牛筋草（图 13-3）、千金子（图 13-4）、狗尾草（图 13-5）、野燕麦（图 13-6）、看麦娘（图 13-7）、画眉草（图 13-8）等。

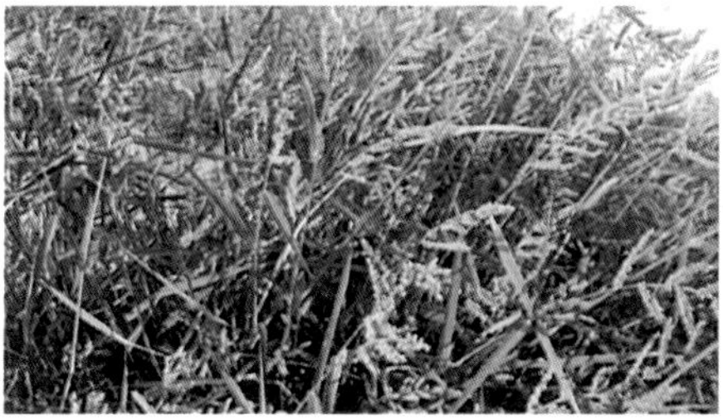

图 13-1　稗草

二、阔叶类杂草

阔叶类杂草包括所有的双子叶植物杂草及部分单子叶植物杂草。

图 13-2　马唐

图 13-3　牛筋草

图 13-4　千金子

茎圆形或四棱形。叶片宽阔，叶有柄，网状叶脉，胚具 2 子叶。如藜（图 13-9）、反枝苋（图 13-10）、田旋花（图 13-11）、苣荬菜（图 13-12）、苍耳（图 13-13）、鸭跖草（图 13-14）、猪殃殃（图 13-15）、荠菜（图 13-16）、马齿苋（图 13-17）、铁苋菜（图 13-18）等。

图 13-5　狗尾草

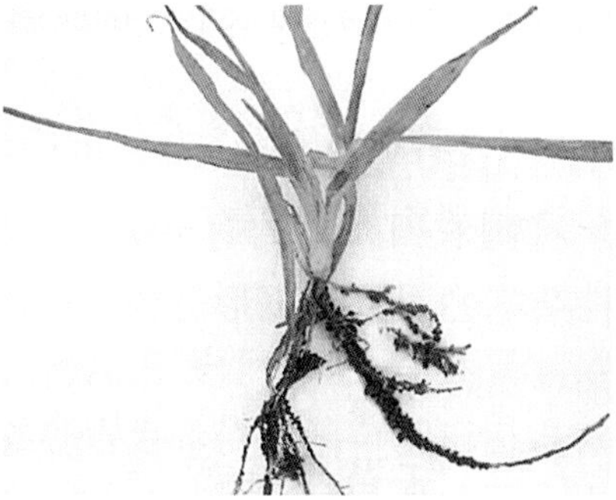

图 13-6　野燕麦

图 13-7　看麦娘

三、莎草类杂草

莎草类杂草主要包括莎早科杂草。其特征为：茎二棱形或扁二棱形，无节和节间的区别，茎常实心。叶鞘不开张，无叶舌。胚具 1

图 13-8　画眉草

图 13-9　藜

图 13-10　反枝苋

子叶，叶片狭窄而长，平行脉，叶无柄。如香附子（图 13-19）、异形莎草（图 13-20）、陌上菜、节节菜等。

由于许多除草剂就是根据杂草的形态特征而获得选择性的，因而应用形态学分类可以较好地指导杂草的化学防治。

此外，按杂草的生活史，可将杂草分为一年生杂草，如马齿苋、铁苋菜等；二年生杂草，如野燕麦、看麦娘等；多年生杂草，如水莎草、小蓟（刺儿菜）等。

图 13-11　田旋花

图 13-12　苣荬菜

图 13-13　苍耳

图 13-14　鸭跖草

图 13-15　猪殃殃

图 13-16　荠菜

图 13-17　马齿苋

图 13-18　铁苋菜

图 13-19　香附子

图 13-20　异形莎草

第二节　农作物田间杂草防治

一、麦田杂草防治

小麦田杂草有 30 多种。禾本科杂草主要有雀麦、野燕麦、节节麦、看麦娘等，阔叶类杂草主要有播娘蒿、荠菜、猪殃殃、藜、阿拉伯婆婆纳等。

1. 禾本科杂草防治

以看麦娘、日本看麦娘等禾本科杂草为主的小麦田，每亩用 69 g/L 精噁唑禾草灵水乳剂 80~100 mL，或 15%炔草酯可湿性粉剂 20~40 g，或 50 g/L 唑啉·炔草酯乳油 60~100 mL，或 50%异丙隆可湿性粉剂 150 g，对水均匀喷雾。

2. 阔叶杂草防治

以猪殃殃、荠菜等阔叶杂草为主的麦田，在冬前或早春每亩用 200 g/L 氯氟吡氧乙酸乳油 20~25 mL，或 200 g/L 氯氟吡氧乙酸乳油 20~25 mL+20%二甲四氯水剂 150 mL，或 25%灭草松水剂 100~150 mL+20%二甲四氯水剂 150 mL+水喷雾防除。也可以选用 36%唑草·苯磺隆可湿性粉剂，冬前杂草齐苗后每亩用 5~7. 5 g，早春每亩用 7. 5~10 g，对水均匀喷雾。此外，5. 8%双氟·唑嘧胺悬浮剂对猪殃殃、麦家公、大巢菜、泽漆等大多数阔叶杂草茎叶处理效果好。

二、玉米田杂草防治

玉米田杂草主要以禾本科杂草与阔叶杂草混生为主，其常见杂草有 30 多种，如马唐、狗尾草、牛筋草、稗、画眉草、藜、马齿苋、铁苋菜、小蓟、鸭跖草等。

1. 免耕玉米播前防除已出土杂草

每亩用 20%百草枯水剂（克无踪）150~200 mL，或 41%草甘膦水剂 150~250 mL 对水均匀喷洒杂草茎叶。

2. 播后苗前土壤处理

每亩用 33%二甲戊灵乳油 133~200 mL，或 38%莠去津水悬浮剂 200~250 mL 对水均匀喷雾。

3. 苗后茎叶处理

玉米苗后 3~5 叶期，杂草 2~4 叶期施药。每亩用 100 g/L 硝磺草酮悬浮剂 70~100 mL，或 30%苯唑草酮悬浮剂 5 mL+90%莠去津水分散粒剂 70 g+专用助剂，对水均匀喷雾。

三、水稻田杂草防治

全国稻田杂草有 200 多种，其中发生普遍、危害严重、最常见的杂草有 40 余种，如稗草、千金子、异型莎草、水莎草、陌上菜、节节菜、矮慈姑、鸭舌草、鲤肠等。

1. 水稻秧田杂草防除

在以稗草、千金子等杂草为主的稻田，在秧板平整后，于催至一籽半芽的稻种播种后 1~2 d，每亩用 30%丙草胺乳油 100 mL，对水均匀喷雾；在稗草、千金子与莎草及其他阔叶杂草混合发生的田块，在秧板平整后用 40%苄嘧 · 丙草胺可湿性粉剂 60~80 g 对水均匀喷雾。

2. 水直播耕翻稻田杂草防除

采用二次化除法。

（1）第一次化除。在催芽稻播种后 2~3 d，每亩用 40%苄嘧 · 丙草胺可湿性粉剂 60 g，对水均匀喷雾。施药时要求秧板较平整，保持湿润。

（2）第二次化除。在第一次用药后 15～18 d，每亩选用 53%苯噻·苄可湿性粉剂 60 g 制成 10 kg 药肥或药土撒施，药后保水 3～5 d，防止暴雨后产生药害。

对部分重草田可视草情进行补除。补除方法为：①对稗草发生较多的田块，在稗草 2～3.5 叶期，每亩用 10%氰氟草酯水乳剂 50～60 mL 或 2.5%五氟磺草胺油悬浮剂 60 mL。要求排水用药，隔天上水。②对千金子和稗草发生较多的田块，在杂草 2～3 叶期，每亩用 10%氰氟草酯水乳剂 60～80 g，对水均匀喷雾，药后 1～2 d 复水。③对莎草和阔叶杂草较多的田块，可用 10%吡嘧磺隆可湿性粉剂 15～25 g，结合分蘖肥均匀撒施，并保持浅水层 5～7 d。④对水花生和阔叶杂草较多的田块可用 20%氯氟吡氧乙酸乳油 50 mL，对水均匀喷雾，排水喷药，隔天上水。⑤在搁田后莎草类杂草和阔叶杂草仍较多的田块，每亩可用 48%灭草松水剂 100 mL 和 13%二甲四氯水剂 100 mL，对水均匀喷雾。施药时田间要排干水，施药后隔天上水。

3. 免耕直播稻田杂草防除。在播种前 3～5 d，用 10%草甘膦水剂 500～750 mL，或 41%草甘膦水剂 150～200 mL，或 20%百草枯水剂 150 mL 等灭生性除草剂对水均匀喷雾防除前茬杂草，后期的除草，可参照水直播耕翻稻田杂草防除技术。

4. 机插稻田杂草防除。采用二次化除法

（1）第一次化除。耕地排田后或机插后第 2 天立即用药 1 次，即每亩用 35%苄嘧·丙草胺可湿性粉剂 100 g，或 40%苄嘧·丙草胺可湿性粉剂 90 g，对水均匀喷雾。

（2）第二次化除。在机插后 15 d 必须用好第 2 次药。可用 53%苯噻·苄可湿性粉剂 60 g 制成 10 kg 药肥或药土撒施，药后保水 3～5 d（注意水不可淹没心叶）。

四、棉田杂草防治

棉田禾本科杂草主要有：牛筋草、马唐、狗尾草、稗草、看麦娘、千金子等。阔叶杂草主要有：马齿苋、反枝苋、藜、铁苋菜、蒲公英、小蓟（刺儿菜）、田旋花等。莎草科杂草主要有香附子等。

1. 播种期化学除草

露地直播棉田，防除一年生单子叶杂草和小粒种子阔叶杂草，播后苗前每亩可用50%乙草胺乳油120~150 mL，注意不要超过200 mL，避免药害；或72%异丙甲草胺乳油100~120 mL，或48%氟乐灵乳油100~150 mL，或33%二甲戊灵乳油130~150 mL，或48%仲丁灵乳油150~200 mL，对水均匀喷雾处理土壤，喷施氟乐灵后要浅混土。防除阔叶类杂草为主的地块，在播后苗前每亩用25%噁草酮乳油100~125 mL，对水均匀喷雾处理土壤。地膜棉田用量可比露地直播棉酌减。土壤湿润是保证药效发挥的关键。

2. 苗期茎叶喷雾处理

杂草3~5叶期，每亩用10.8%高效氟吡甲禾灵乳油25~30 mL，或15%精吡氟禾草灵乳油35~50 mL，对水均匀喷雾处理。

五、花生田杂草防治

花生田杂草有60多种，分属约24科。其中发生量较大、危害较重的杂草主要有马唐、狗尾草、稗草、牛筋草、狗牙根、画眉草、白茅、龙爪茅、虎尾草、青葙、反枝苋、凹头苋、灰绿藜、马齿苋、蒺藜、苍耳、小蓟（刺儿菜）、香附子、碎米莎草、龙葵、问荆和苘麻等。

1. 播后苗前土壤处理

覆膜栽培的花生田全是采用土壤处理剂。当花生播后，接着喷除草剂，然后立即覆膜。没有覆膜栽培的花生田，花生播种后，尚未出土，杂草萌动前处理即可。每亩用96%精异丙甲草胺乳油50~60 mL对水均匀喷雾，可防除花生、芝麻、棉花、大豆等作物的多种一年生杂草，如狗尾草、马唐、稗草、牛筋草等。

2. 苗后茎叶喷雾处理

施药时期：禾本科杂草在2~4叶期，阔叶杂草在株高5~10 cm为宜。以禾本科杂草为主的花生田，每亩用108 g/L高效氟吡甲禾灵乳油25~35 mL对水均匀喷雾处理杂草茎叶；以阔叶杂草为主的花生田，每亩用15%精吡氟禾草灵乳油50~67 mL，或75%氟磺胺草醚水分散粒剂20~26 g对水均匀喷雾处理杂草茎叶；禾本科杂草与阔叶杂草混发的花生田，可以选择上述两类除草剂混用。

六、豆类田杂草防除技术

大豆田宜采用小麦—玉米—大豆轮作，前茬小麦便于防治阔叶杂草，在播种小麦前进行深翻，既可将表层一年生杂草种子翻入土壤深层，又能防治田间多年生杂草，而小麦本身对一年生杂草的控制作用较强。玉米田便于中耕，有利于防治多年生杂草。小麦收获后，深松土层可消灭多年生杂草的地下根茎，又可避免深层草籽转翻到表土层而加重草害。厚垄播种、深松耙茬或浅松耙茬，保持原有土壤结构，有利诱草萌发、集中灭草。轮作对防治菟丝子有明显的效果。

施用有机肥料或覆不含杂草子实的麦秆等可减轻田间杂草的发生和危害。增施基肥、窄行密播，可充分利用作物群体抑草。视天气、墒情、苗情、草情等辅以人工拔大草。大豆收获后深翻可切割、翻埋、干、冻消灭各种杂草等，为减轻下茬草害打下基础。

利用大豆田杂草的自然微生物天敌，研制生物除草剂，进行杂草的生物治理，已有许多成功的实践。例如：我国研制的鲁保1号能有效防治大豆菟丝子，Collego对豆田杂草弗吉尼亚合萌的防效达85%以上。

七、油菜田杂草防除技术

我国油菜大致可分为冬油菜和春油菜两种栽培类型。冬油菜占总种植面积的90%，主要分布于黄淮和长江流域。发生的主要杂草可根据农田类型的不同大致分为稻茬和旱茬油菜田杂草。在稻茬油菜田，发生的主要杂草有看麦娘、日本看麦娘、棒头草、牛繁缕、雀舌草、稻槎菜、碎米荠等杂草。在旱茬油菜田，发生的杂草有猪殃殃、大巢菜、波斯婆婆纳、黏毛卷耳和野燕麦等。

冬油菜田的杂草发生高峰主要在冬前，一般在10—11月。由于此时，油菜苗较小，草害常造成瘦苗、弱苗和高脚苗，对油菜生长和产量影响较大。春季虽还有一个小的出草高峰，但此时，油菜已封行，影响较小。油菜田杂草群落的分布与发生规律与麦田相似。但由于作物不同，其防治措施亦不相同。

春油菜仅占总面积的10%，大多分布于西北和东北等地。主要发生的杂草有野燕麦、藜、小藜、薄蒴草、密花香薷、刺儿菜和扁蓄等。杂草发生的高峰期在4月中旬，出草量可占全生育期的一半左右。除了上述冬春型杂草外，还有夏秋型杂草如稗、反枝苋等，在随后的时间里出苗。

通过油麦轮作，在麦田容易选择防治双子叶杂草的除草剂，从而有效控制阔叶杂草的种群数量和子实产量，降低翌年油菜田阔叶杂草的发生基数。

进行合理密植，促其早发，形成郁蔽，发挥油菜群体的竞争优势，压制杂草。据研究，前期适量增施氮肥，亦能增强油菜对杂草的竞争力。

免耕灭茬，再加上灭生性除草剂和土壤处理剂的混用，进行灭杀和封闭，可有效控制杂草为害。同时，亦避免了土壤深层的杂草子实翻出，萌发成苗并造成危害的可能性。深耕，亦能将当年杂草子实封存于土壤深处，扼杀可萌杂草的大量发生。

参考文献

黄健. 2019. 农作物病虫害识别与防治［M］. 北京：气象出版社.

刘清瑞. 2018. 农作物病虫害诊断与防治图谱［M］. 北京：中国农业科学技术出版社.

农业农村部种植业管理司，全国农业技术推广服务中心. 2019. 农作物病虫害专业化统防统治指南［M］. 北京：中国农业出版社.

姚光宝，吴振美，唐小毛. 2019. 常见农作物病虫害诊断与防治彩色图鉴［M］. 北京：中国农业科学技术出版社.

中央农业广播电视学校组. 2019. 农作物病虫害统防统治［M］. 北京：中国农业出版社.

中国农业科学技术出版社
官方微信公众号平台

责任编辑 闫庆健 王惟萍
封面设计 孙宝林 田 静

ISBN 978-7-5116-4281-3

9 787511 642813 >

定价：49.60元